居家花艺知识丛书

水培花卉

徐帮学 等编

化学工业出版社

·北京·

本书主要介绍了水培花卉基本常识、水培花卉栽植要点、水培花卉的日常管理、家庭常见的水培观叶花卉、家庭常见的水培观花花卉、家庭常见的水培多肉花卉等知识。

　　本书通俗易懂，图文并茂，融知识性、实用性为一体，适合广大花卉种植户、花木培育企业员工、园林工作者阅读使用，也适合高等学校园林专业和环境艺术设计专业的学生、室内设计师、室内植物装饰爱好者及所有热爱生活的读者学习参考。

图书在版编目（CIP）数据

　　水培花卉/徐帮学等编. —北京：化学工业出版社，
2018.2
　　（居家花艺知识丛书）
　　ISBN 978-7-122-31366-9

　　Ⅰ.①水… Ⅱ.①徐… Ⅲ.①花卉-水培 Ⅳ.①S68

　　中国版本图书馆 CIP 数据核字（2018）第 009739 号

责任编辑：董　琳　　　　　　　　　　　　装帧设计：张　辉
责任校对：边　涛

出版发行：化学工业出版社（北京市东城区青年湖南街 13 号　邮政编码 100011）
印　　刷：北京京华铭诚工贸有限公司
装　　订：北京瑞隆泰达装订有限公司
787mm×1092mm　1/16　印张 11½　字数 281 千字　2018 年 3 月北京第 1 版第 1 次印刷

购书咨询：010-64518888（传真：010-64519686）　　售后服务：010-64518899
网　　址：http://www.cip.com.cn
凡购买本书，如有缺损质量问题，本社销售中心负责调换。

定　　价：48.00 元

 前 言

随着人们生活水平的提高，人们对家居环境布置提出了更高的要求。居家养花是一种很好的修身养性、怡情娱乐、美化生活、装饰环境的艺术活动。时尚、自然、环保、健康成为时下人们对花卉绿植追求的理念。我国的花卉不仅资源丰富，许多花卉还具有一定的抑菌杀菌功能，有的花卉还可以吸收空气中的有毒物质，如月季、百合、石竹、吊兰、龟背竹、紫罗兰等，都有吸收空气中甲醛、氮氧化物及苯的衍生物等有害气体的作用，而且有的花卉还具有一定的食用价值和很高的药用功效，这些在我国传统医学书籍中都有着相关的记载。

花卉在我们的日常生活中十分常见，它们可以把我们的家装点成一个绿色、环保、健康的生活空间。各种适合家庭栽培的健康花卉、盆景绿植、水培花卉不仅会令您赏心悦目，更能让您的居住环境与家庭生活增添几分光彩与几分优雅。要想成为绿植花卉养护高手，就要充分了解各种花卉的形貌特征，从选取到栽培，从养护到摆放，对各种花艺必备知识了然于胸。由此，我们特组织编写了《居家花艺知识丛书》。

《居家花艺知识丛书》包括以下4个分册：《家庭养花》《盆景制作》《水培花卉》《插花设计》。本丛书图文并茂，既有家庭养花基本知识的介绍，又有水培花卉、盆景制作以及插花设计等知识的深入介绍。本丛书主要针对大众花卉爱好者及所有热爱生活的读者。丛书没有晦涩难懂的花卉学理论知识，书中介绍花卉绿植在居家布置与栽培方面的一些有用的常识，期待读者能够从阅读和参考中认识更多的花卉，了解更多的花卉知识，在享受大自然慷慨馈赠的同时，增添更多生活情趣。

本丛书在编写的过程中得到了许多同行、朋友的帮助，在此我们感谢为本丛书的编写付出辛勤劳动的各位编者。参与本丛书编写的人员如下：徐帮学、田勇、徐春华、侯红霞、袁飞、马枭、李楠、汪洋、罗振、刘佳、石晓娜、汤晨龙等。在本丛书编写过程中还得到宋学军、李刚、高汉明等的帮助，在此对他们的付出表示诚挚感谢！

由于编者水平有限，书中难免有疏漏与不妥之处，恳请相关专家或广大读者提出宝贵意见。

编者
2017 年 10 月

目 录

第一章　水培花卉基本常识

水培花卉生命力强，养护方法简单，易于打理，不易滋生蚊虫，还比普通土培盆栽花卉更清雅。它不但没有土培盆栽管理烦琐等缺点，还可在器皿中饲养金鱼，既能赏花还能观鱼。本章将带你认识水培花卉，了解水培花卉的基本常识与特性。

第一节　水培花卉概述

水培属于无土栽培的一种，其核心是将植物根系置于水中，通过无机营养液向其提供生长发育所需的营养元素，如水分、养分等。这种培植方式因简单、卫生、携带方便、观赏价值高等特点，越来越受到广泛欢迎。

一、水培花卉的概念

水培花卉是指采用生物工程技术，通过现代物理、化学及生物技术等高科技手段，将普通花卉植物进行无土驯化，使其适应水中环境并健康生长而形成的一种新型栽培技术。

水培花卉，水上部分可赏花、赏叶，水下部分可赏根、养鱼，既美观又卫生，所以也被称为"懒人花卉"。水培花卉经过独特的科学技术的驯化、改良，大部分能在短时间内适应营养液的无土环境，正常生长。

二、水培花卉的特点与优势

水培花卉培植简单，只需按其生长发育所需，配置合适的营养液即可，不受土地、时间、空间等条件的限制。这种培植方式占有的资源不及土培的 1/10，符合国际社会对环保、节源的倡议，国内外众多专家和商人已经关注到这一点。未来，水培花卉将会发挥出更多优势，更多地走进人们的生活。水培花卉有以下特点与优势。

1. 清洁卫生

水培花卉的水质清澈，不另外施肥，故而干净、无污染、不生细菌和蚊虫，更没有异味，可广泛放置于企业、宾馆、酒楼、机关、医院、商店、家庭等各种场合。卫生、美观的水生花卉必定深受欢迎。

2. 观赏性强

水培花卉不仅可观赏植物，还可以在营养液中养鱼，达到动静结合的美态。花鱼共养的方式，定会吸引众人的目光。

3. 养护方便

水培花卉换水方便，只需半个月甚至一个月换一次，换水后滴几滴营养液即可。称得上省事、省力、省心，普通人很快就能上手。

4. 便于组合

水培花卉还可随意组合，将多种花卉组合在一起培养，一段时间后便可得到一件精美且独特的艺术品，如"龙凤呈祥""比翼双飞"等。还有将不同花期的花卉组合起来的四季常开的水培花卉，寓意生意红火、四季兴隆。组合花卉新奇、独特，还可根据人们喜好搭配，受到很多人的喜爱。如图 1-1 所示为风信子与百合花的水培组合。

图 1-1　风信子与百合花的水培组合

5. 调节气候

水培花卉或绿植放置在室内，可增加空气湿度，调节室内气候，有益身体健康，令人心情愉悦。

6. 形式多样

水培花卉既可同传统花卉一株一盆，也可以多种组合形成盆景艺术；既可以融入大型园林工程，如山、鱼、草、木等，组成一幅大型山水情趣画，也可以放置于室内书桌、饭桌、茶几之上，形成生态家具。咖啡厅、酒吧、办公室的家具上放置不同的水培花卉，不仅能增添一些高雅情调，还能体现不同的人生态度，这就是所谓的花有千姿、人有百态。

三、水培花卉的常见种类

常见的水培植物有天南星科、百合科、龙舌兰科、石蒜科、景天科、仙人掌科、鸭跖草科等的植物，这些植物中，有很大一部分本身就生存在那些环境比较潮湿的地方，这样的水生环境不但不会让它们的根系发生腐烂，而且还会诱生它们的根系生长，这类植物一般都长有洁白的根系，观赏价值高，非常适合一般家庭摆放。

水培花卉一般是作为家庭室内栽培与观赏，由于光照等一些原因，一般适宜选择那些叶片浓绿、枝梢粗壮、根系发达、株型美观且比较耐阴的绿植花卉品种。

常见适合作水培花卉的绿植有很多，我们根据观赏部位划分，可以将水培花卉分为4类。

1. 观叶类水培花卉

常见的观叶类水培花卉有：绿巨人、白掌、春羽、蔓绿绒、龟背竹、绿萝、滴水观音、丛生春芋、合果芋、吊兰、万年青、金钱树、观音莲等。

2. 观花类水培花卉

常见的观花类水培花卉有风信子、郁金香、君子兰、朱顶红、仙客来、蝴蝶兰、凤梨等。

3. 观果类水培花卉

常见的观果类水培花卉有彩色辣椒、草莓、观赏番茄、朱砂根等。

4. 多浆类水培花卉

常见的多浆类水培花卉有龙舌兰、金玻、芦荟、蟹爪兰等。

水培花卉一般只是改变了花卉绿植的栽培方式，并没有改变花卉的一般生长习性，它们的生长发育的好坏还是会受到温度、光照、通风状况等环境因素的影响，在水培过程中，只要详细了解各种水培花卉的生长习性和趋好，按照它们的要求进行适当的调整和控制，就能在家中养好一些常见的水培花卉。

四、水培花卉市场发展状况

近年来，随着生活水平的不断提高，人们对生活质量的要求也逐渐提高，花卉已成为人们生活不可或缺的一部分。相比传统的土培模式，水培花卉因其清洁卫生、品质高、观赏性

第一章 水培花卉基本常识

强等诸多特性，更容易满足人们要求。

　　水培花卉作为环保花卉，不仅符合市场的需求，而且其无土栽培的技术可采取现代工厂化、标准化的生产，大大提高了花卉的产量和质量。如图1-2所示为水培花卉生产工厂。

图1-2　水培花卉生产工厂

　　我国的水培花卉刚刚起步，其高效率的生产模式、极低的生产成本贴合市场的发展规律，具有很强的竞争力。水培花卉将在花卉市场中占有越来越大的份额，也将成为未来植物栽培的发展趋势和方向。

第二节　水培花卉主要来源：水生花卉

　　水生花卉，泛指生长于水中或沼泽地的观赏植物，对水分的依赖和要求高，因此有其独特的习性。水生花卉种类繁多，我国有150多个品种，是园林、园艺工作者培育水培花卉的主要来源。

一、水生花卉的主要类型

　　水生花卉是指必须生活在多水的环境中的花卉，如水仙花、睡莲、千屈菜等；水培花卉是指通过生物方法栽培在水中的花卉，一般花卉就可以培育，如月季、栀子花、绿萝等。在园艺界，水生花卉是水培花卉的重要构成部分，种类繁多，历来都是园林、庭院水景的独特景观。水生花卉的形成经历了沉水植物──→浮水植物──→挺水植物──→湿生植物──→陆生植物的进化过程，这些水生植物在自然界中相互竞争、相互依附，构成了丰富多彩的水生王国。水生花卉按照生活方式与形态特征可分为4类。

1. 挺水型水生花卉（包括湿生与沼生）

　　挺水型水生花卉，一般植株高大，色彩艳丽，种类多，绝大多数有茎、叶之分；直立挺拔，上部植株挺出水面，下部或基部沉浸在水中，根或地茎在泥土中，如鸢尾（图1-3）、千屈菜、菖蒲、莲（荷花）、香蒲、慈姑等。

水培花卉

图1-3 挺水型水生花卉：鸢尾

2. 浮叶型水生花卉

浮叶型水生花卉，花大，色艳，根状茎发达，种类繁多。浮叶型水生花卉的叶片内含有大量气体，使之可以漂浮在水面，如王莲（图1-4）、芡实、睡莲、萍蓬草、莕菜等。

图1-4 浮叶型水生花卉：王莲

3. 漂浮型水生花卉

漂浮型水生花卉，相对来说种类较少，其根部不生于泥中，整个植株漂在水面，随风而动，四处漂泊，多数以观叶为主，如槐叶萍、大藻、凤眼莲（图1-5）等。

图1-5　漂浮型水生花卉：凤眼莲

4. 沉水型水生花卉

沉水型水生花卉，种类较多，根茎生于泥中，植株沉入水体之中，通气组织发达，可以利用水中的气体进行气体交换。植株的各部分均能吸收水中的养分，即使是在水下弱光环境也能生长，对水质有一定要求。花小、花期短，以观叶为主（如家里金鱼缸中的水草）。如小叶眼菜、海菜花、黑藻、金鱼藻（图1-6）、苦草、水筛等。

图1-6　沉水型水生花卉：金鱼藻

 【知识链接】

金鱼藻的危害影响

金鱼藻的分布范围十分广泛，几乎遍布全国，在富含有机质、水层较深、长期浸水的稻田中都能见到，对农田危害严重。此外，静水池塘、湖泊、沟渠中也存在金鱼藻。金鱼藻有极强的吸氮能力，同时还会降低水温，对水稻分蘖及生长发育有严重影响。

水培花卉

二、水生花卉的重要作用

随着人们生活水平的提高，人们对居住环境有了更高的要求。水生花卉也成了家家户户不可或缺的绿植装饰。那么，水生花卉的意义和作用有哪些呢？

1. 美化环境，丰富人们生活

随着城市迅速的发展，人们离大自然越来越远。亲近大自然，回归大自然的呼声在全世界回响。因而用水生花卉美化室内环境、装点人们生活的需求日益强烈。将这一具有巨大特色的水生花卉引入人们生活的空间，并加以规划，艺术地配置于水景之中，已成为时尚。使人足不出户，即可领略到大自然的风光，如图1-7为美化室内环境的水生花卉。除居民家中和庭院外，同时还大量涌现在宾馆、饭店、写字楼等处，使这类新兴的水生花卉事业兴旺发达起来。

图1-7　美化室内环境的水生花卉

2. 提高环境质量，增进身心健康

水生花卉也和其他花卉一样，具有改善环境的卫生防预功能，对增进人的身心健康大有裨益。如调节温度和湿度，吸收二氧化碳和有害气体，增加氧气，分泌杀菌素等以净化空气，并使人们在学习工作之余，凝视青枝绿叶及鲜艳的花朵，闻到香气，可消除视觉的疲劳，开阔心怀。

3. 丰富文化生活，陶冶情操

莳养花卉是人们普遍的爱好。人们通过自己辛勤的劳动，从播种、栽种、浇水、施肥、病虫害防治，从小苗出土（水）、展叶、开花、结果一直到种子成熟，人们熟悉着不同花卉的生长规律，仿佛是一首动态的生命回旋曲，使人们回味无穷，得到极大的满足与愉悦。不同花卉的形、姿、色、韵变化丰富，春季勃发、夏季欢快、秋季成熟，无不使人们惊叹大自然的神妙。而不同种的花卉，由于原产地的差别，有的分布热带、亚热带、暖温带及寒带，有的生于草甸、湖泊、河流、沟谷或潮湿地等，其生态习性也有所不同，对温度、光照、水质、土壤等栽培的条件要求也有所差别，栽培好这些花卉，就要顺应其特性、创造符合它们生长发展所需的栽培条件，不断在栽培中摸索、钻研总结失败与成功的经验教训，获取自然科学方面的知识，而且在观察、探索中获得无穷的乐趣。

花是自然中的精华，是真、善、美的化身，经常与花草为伴，可以净化灵魂，陶冶情操，也是一种良好的精神文明建设形式，如图1-8所示为丰富文化生活的水生花卉。

图 1-8　丰富文化生活的水生花卉

4. 商品化生产

水生花卉的商品化生产，是一项新兴产业，有着极大的发展潜力，可以带来巨大的经济效益。世界花卉的生产每年以7％～8％的速度递增，主要有鲜切花（约占60％）、盆花（约占30％）和观叶植物（约占10％），由于市场的激烈竞争，质量要求严格，种类特殊，供花期的限制等，所以水生花卉植物的栽培面积也随之增加。水生观赏植物的发展不能仅仅限于在水景园林方面的操作，而需要加速集约化的商品生产与管理，才能获得良好的经济效益。

水生花卉具有多种经济价值。可药用的如：莲、萍蓬草、睡菜、石菖蒲、薄荷等。可食用的如：莲（地下茎、莲子）、芡实、菰、菱角（图1-9）、海菜花、莼菜等。芦苇是重要的造纸原料，凤眼莲、眼子菜是猪、牛的青饲料等，不胜枚举。

水培花卉

图 1-9　菱角

三、水生花卉的基本分类

地球表面上有着湖泊、河流、沼泽地等，各种不同的生态条件，生长着各种不同生态要求的水生观赏植物。人工引种栽培成功的关键在于掌握各种水生植物的生态习性，倘若在一个地区引种栽培不同生态条件要求的水生花卉或在不适宜的地区、不适宜的季节栽培水生花卉，必须进行各种栽培技术的研究，创造适宜各种水生花卉的不同生态要求的条件，从而达到水生花卉栽培的预期目的。

严格地讲，每种水生花卉都具有各自的生态习性，这就是每种水生花卉的"个性"，但又有许多种水生花卉具有相同或相似的生态习性，这就是某一类群水生花卉的"共性"。怎样来分辨各种水生花卉的共性与个性呢？主要是根据它的原产地和分布地区适宜其生长发育的自然生态环境条件，如温度、光照、空气温度、土壤与水质的 pH 值等诸多因子等，而正是这些条件，时刻影响与限制着水生花卉的生长发育过程。

水生花卉的种类尽管较多，根据不同的分类依据，按照自然科属、生物学特性、栽培方式、园林用途分类，一般为以下三类。

1. 按生物学特性和生态习性分类

（1）一年生水生草本花卉类　指在一年内完成从种子到种子的整个生长发育周期的水生花卉。即从播种到萌发、生长、开花、结实后直至枯死，在一个季节内完成该物种的生命周期。常见的有：芡实、水芹、黄花蔺、水生蓝睡莲（图 1-10）、王莲、菱、水鳖、雨久花、泽泻、海菜花、苦草、眼子菜等。

图 1-10　水生蓝睡莲

（2）多年生水生花卉类　植株的寿命超过 1 年，并能多次正常萌发生长、开花结实，有的不耐引种栽培地冬季的严寒。根据地下部分的形态变化分为以下几种。

① 水生宿根花卉。地下部分形态正常，不发生变异。本类水生花卉数量较多，常见的有鸢尾、伞草、灯心草（图 1-11）、睡菜、菖蒲属、荇菜、莼菜、水禾。

② 水生球茎、鳞茎花卉。地下部分变态肥大。主要有：慈姑，芋属，柔毛齿叶红、白睡莲等。

③ 水生块茎花卉。常见有寒带睡莲类。

图 1-11　灯心草

④ 水生走茎花卉。常见有莲、香蒲、芦苇、水芋、睡菜、薄荷。

（3）水生蕨类花卉　常见的有水蕨、瓶尔小草（图 1-12）。

图 1-12　瓶尔小草

（4）常湿、阴湿生态型水生花卉　指这类植物引种到暖温带或温带地区栽培。所谓常湿生态型，是指原产地和分布地区的空气湿度，夏季在 80％以上，冬季在 60％以上；阴湿生态型，忌强光直晒，如龟背竹、猪笼草、水韭（图 1-13）、瓶尔小草等。

图 1-13　水韭

（5）高湿、高温生态型水生花卉 指这类植物引种到温带地区常年在温室内栽培，冬季极端最低温度不得低于14～18℃，相对湿度夏季不低于90％，冬季不低于80％，水池的水温最低要求不低于20℃。如产南美业马孙河流域的王莲，原产埃及的蓝睡莲类及原产非洲的柔毛齿叶红睡莲（图1-14）等。

图1-14 柔毛齿叶红睡莲

（6）水生食虫花卉 指这类植物具有特殊的营养器官，除正常叶外，还有筒状叶或叶上具有腺毛，能分泌消化液将小动物消化吸收。这类水生植物为数不多。如猪笼草（图1-15）、茅膏菜等。

图1-15 猪笼草

2. 按栽培方式分类

（1）切花栽培 以生产切花为目的，常运用现代化的生产手段，进行规模化的生产，如热带睡莲、鸢尾、莲花。

（2）促成栽培（反季节栽培） 为满足节日或其他特殊需要，在不是该种花卉正常生长发育开放的季节，经过人们采取特殊的措施，促使植物提前或推后开花的称为促成栽培。如荷花、睡莲在北方或南方，12月至次年元月份开花。可在元旦、春节供应年宵花市。促成栽培已经成为保证花卉均衡供应经常采用的一种栽培方式。

（3）抑制栽培 此种栽培方法使花卉延迟开花。也是人为调节花期时，常采用的一种栽培方式。

（4）种苗栽培　是以生产种苗物种保存为目的的栽培方式。如睡莲、鸢尾、千屈菜（图1-16）的无性繁殖栽培，且已形成庞大的规模。有的企业在隔离条件下生产杂种一代种子；有的企业栽培杂种一代种苗，切取插穗生产扦插苗；有的企业则栽培扦插苗，生产切花，形成阶梯式的互相承接的专业化生产主体。

图 1-16　千屈菜

3. 按用途分类

（1）水生花卉与园林　我们的祖国素有"世界园林之母"的称誉，在园林中，水景又是园林中的灵魂，而水生花卉是衬托园林水景的重要花卉。如杭州的"曲院风荷"（图1-17）、庐山的东林寺、扬州的荷花桥、四川眉山的苏三祠等。随着文化生活水平的提高及旅游事业的发展，在园林建设中对水体建设越来越重视，越来越显示其必要性，如在一个公园或风景区没有天然或人工水域会使人感到美中不足。江南园林很美，水起到重要作用，而在这些水体中又有多种多样的水生花卉生长，美化水面，给水体以生机。在一些新建的工厂、学校、宾馆中也都给水生花卉留下一席之地，用以美化环境和生活。

图 1-17　杭州"曲院风荷"

（2）盆栽水生花卉（包括缸栽）　用于生产盆花的水生花卉，是我国以及国际花卉生产中的一个重要组成部分。主要盆花有小睡莲、龟背竹、海芋、迷你莲（碗莲）、伞草、慈姑、黄花蔺（图1-18）等。

图 1-18　黄花蔺

(3) 喷泉水生花卉　用于喷泉布置的盆、池栽水生花卉。一般喷泉皆布置于广场露地全光照的条件下。常见的有莲（荷花品种）、睡莲（热带、温带品种及种）、菖蒲、香蒲、萍蓬草、水葱、花叶芦竹（图 1-19）、千屈菜、鸢尾等。

图 1-19　花叶芦竹

(4) 切花水生花卉　用于生产鲜切花的水生花卉。主要有莲、睡莲、香蒲、鸢尾、千屈菜等；切叶及植株类有伞草、龟背竹、水芋、菖蒲、芦苇（图 1-20）、雨久花、梭鱼草等。

图 1-20　芦苇

（5）室内水生花卉　泛指可用于室内装饰水族箱内的水生观赏植物。一般室内光照与通风条件的差异，应选用对二者要求不高的水生观叶植物进行布置。常见的有水筛类、海菜花类、眼子菜类、苦草类、水蕨、杉叶藻、虎耳草、黑藻（图1-21）、金鱼藻类等。

图1-21　黑藻

四、水生花卉的适宜生长条件

温度、光照、水质、肥料等因素都能影响水生花卉的正常生长。若是能满足水生花卉对环境的要求，就能养好水生花卉。

1. 温度

温度是影响水生花卉生长发育最重要的环境因子之一，它的一切生理活动都要在一定的温度范围内完成整个生长发育的阶段，所以说温度无时无刻不影响着水生花卉的生长发育。

水生花卉的种类繁多，分布的地域广阔，而每一类植物都对温度有不同的要求。

（1）高温水生花卉　主要原产于热带平原区，栽培温度要求在16～30℃。这类植物在我国广东、福建沿海、海南、云南南部、台湾等地可以广泛栽种。如王莲要求高温度条件（环境），当气温低于20℃时植株即停止生长。

（2）中低温水生花卉　主要原产于暖温带、温带地区（亚热带），也包括那些虽产于热带而对温度要求不高者，温度保持在10～18℃。这类植物在我国长江流域广泛种植。如睡莲科、天南星科、香蒲科、菱科、千屈菜科、眼子菜科等植物。

近年来，国外在可控环境栽培理论方面提出"差温"（DIF）这一新概念，即差温＝昼温－夜温，在花卉生产中推广应用，控制株高效果较好，对植株矮化起重要作用。其含义如下。

① 植物株高的矮化，可利用降低昼温，提高夜温来实现；而植株的增高，可用提高昼温，降低夜温的方法完成。

② 温差不影响植株的节数与叶数。

对温差敏感的水生花卉有鸢尾科类、莲属、莼菜等。不敏感的有水仙（图1-22）、伞草等。温差在一定程度上可代替植物矮化剂，还可以用温差控制植物的高矮。在同类植物中生产出不同株高而同时开花（展览时用）的植物组合，满足不同应用的需求。此项理论和技术还有待进一步研究和完善。

图 1-22　水仙

2. 光照

光照是影响水生花卉的正常生长发育的重要因素。植物都是利用光照来进行光合作用的，没有光照就无法给自身提供能量。

水生花卉的种类很多，按照对光照强度和光照时间的要求不同，分为下列 3 类。

（1）喜光水生花卉　完全暴露在光照条件下才能正常生长的水生花卉，如莲（荷花）属、睡莲属、千屈菜属等，露地栽培水生花卉属此类。

（2）耐阴湿水生花卉　需要进行 60％～80％的遮阴，不适宜在强光下养植，如水蕨、天南星科植物、伞草属等植物。

（3）中生性水生花卉　需要遮阴 40％左右，喜充足光照，不耐夏日高温暴晒，适当遮阴方可生长良好；如黄花蔺、泽泻（图 1-23）、莼菜、薄荷等水生花卉属此类。

图 1-23　泽泻

光照时间的长短直接影响水生花卉的生长发育，根据水生花卉生长发育所需日照时间长短分为 3 类。

（1）短日性水生花卉　大多为沉水植物，日照时间短、透光度弱、发育快，如水筛属、水车前属、水蕨等，适合室内栽种。

（2）长日照水生花卉　大多为挺水植物，日照时数越长，发育越快，现蕾开花早，结实率高，如芡实属、王莲属、睡莲属、萍蓬草属等露地多年生栽种水生花卉植物。其成苗期是 7～8 月份，光照强、时间长，耐高温最高为 42℃，否则对植株的生长不利。

（3）中日性水生花卉　对日照长度的要求不高，发育与开花基本不受日照长度的影响。如伞草、虎耳草、龟背竹等水生花卉。

总的来说，光照强度和光照时间长短对植物的生长发育有着重要的作用，对花芽的分化、孕蕾、开花结实都有影响。为此，在引种栽培时，要根据水生花卉的习性，通过增加或减少光照时间，以满足其生长发育的需要。

3. 水质

水是水生花卉生长不必可少的条件，水生植物的一切生命过程都是在水域中进行的。除碳和氧外，水生花卉生活所需要的其他营养元素都是通过根部从水分中获得的。

4. 肥料

水生花卉需要吸收各类营养物质和微量元素，如氮、磷、钾、钙、硫、镁、铁、铜、锌、硼、锰等元素等来保持正常的生命活动。不同的营养元素，有其不同的功能，碳、氢、氧是进行光合作用的主体元素。

第三节　水培花卉的结构特征和培育方式

水培花卉是无土栽培，用营养液代替传统的土壤栽培的一种形式。水培花卉不仅能欣赏到植物花卉的花、叶、果，还能观赏到植物根的有趣形态，再搭配中意的透明容器，就是一幅 3D 立体画。

一、水培花卉与水养花卉

近些年来，水养和水培花卉备受现代都市人的喜爱，因为一些水养和水培花卉格调高雅、易于养护、便于组合。很多人将水养花卉和水培花卉混为一谈，虽都为液体养护，实际上二者有着一些区别。

水养的花卉所需的养分是靠自己供给的，一般水养花卉都具膨大的鳞茎，里面贮存着丰富的营养，用于自身的生长开花，而浸泡植物根系的液体是清水，无需供给养料。要使水养花卉生长繁茂、开花艳丽，发育充实的种球是关键，保证能给自身提供足够的营养，另外要勤换水，一般 2～3 天换一次水（富贵竹 7～10 天换一次水），能保持水中有充足的含氧量，提高根系活性。还要保持充足的阳光。

水培花卉所需要的养分是从外界的营养液获取的，将植物根须固定在花盆的盖板或浮板

水
培
花
卉

上，把根系浸泡在水中，水中含有无机营养，所以花卉水培也称营养液培养。蟹爪兰、巴西木、丛生春芋、君子兰、吊兰、龟背竹、万年青等植物都可以水培养护，如图 1-24 所示为水培吊兰。

图 1-24　水培吊兰

目前采用生物工程诱变技术，已经开发了 9 个系列 500 多种水培花卉，其中包括草本类花卉和木本类花卉，仙人掌类和多肉类植物，也包括君子兰、蝴蝶兰等观花类花卉，如图 1-25 所示为水培蝴蝶兰幼苗。

图 1-25　水培蝴蝶兰幼苗

真正诱变好的水培花卉植物，根毛已退化，且大部分为垂直生长的直根，植物的水生根基因得到了表达，叶片和枝条比土里生长的更为鲜嫩。

营养液的配置是养护好水培花卉的关键。勿使用金属容器或装过油脂、酸碱的容器。在使用自来水配置营养液时，注意加入少量腐殖酸来处理水中的氯化物和硫化物。定期更换培养液，每周一次，注意适合在弱酸性环境中生存。

二、适宜水培的花卉结构特征

我们知道，大多数花卉都可以水培，那么，适宜水培的花卉结构是什么呢？

1. 具有发达的网状气腔和气道，能储藏和输送氧气

植物能在静止的水环境中生长（通常是在静止的盛水玻璃容器中生长），关键在于水生根系的形成与通气组织的发育。自然界能生长于水中的植物较多，有一直在水中进化而成的各种水生、浮生、挺生等植物，也有生长于水边的两栖植物。这些植物与陆生植物最大的区别就是它们都具有发达的通气组织，这些组织分布于根中及地下茎中，甚至植株的茎干与叶片中。而且最为明显的特征就是形成了独具特色的水生根系，这些根由于长期生于水中，已退化为没有发达根毛的不定根根系，大多为须状根。因为在水中获取水分与矿质营养极为方便，不需像陆生根那样要形成一个主次根分明且网络状分布、机械组织发达的根系。水生根系可直接吸收水与营养，而陆生根在土壤中则需通过扩大根面积来摄取环境中更多的水分。

通气组织是由薄壁组织中的细胞间隙互相联合而成的网状气腔和气道，是植物为了适应厌氧胁迫环境而形成的具有氧气储藏及运输功能的植物组织。通气组织在自然界的植物中普遍存在，特别是水生与湿生植物的通气组织特别发达，存在于根、茎、叶中，能储藏和输送氧气。光合作用产生的氧气通过气腔储藏和气道的输送，满足根部呼吸所需，因而能适应水培条件下较缺氧的不良状态。

2. 能从空气中吸收氧气和营养——气生根

植物在地面上的茎节处很容易产生气生根。气生根对植物自身而言具有攀附作用，同时气生根通常具有发达的通气组织，以便从空气中获得氧气和营养，如图 1-26 所示为水培植物的气生根。

图 1-26　水培植物的气生根

水培花卉

3. 适宜水培环境的能力较强

有些植物没有通气组织、气生根，但对水中溶氧量要求较低，具有极强的耐缺氧力，因此比较适应水培环境，如栀子花、鸢尾等。

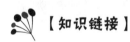【知识链接】

水培的最佳时机

一般将水培的最佳时机定为春秋两季，但是也要根据具体的花卉种类而定。如室内气温在 $15\sim28℃$，观叶植物一年四季均可进行。观花植物宜在第一朵花含苞待放时进行，如杜鹃、仙客来、风信子等常在元月上旬进行水培，这样盛花期正值春节期间，给人以春暖花开的喜悦。

三、水培花卉的培育方式

水培花卉常见的培育方式有两种，分别为静止式容器水培和漂浮式绿化水培。

1. 静止式容器水培

此种水培模式是将植株固定在容器内，根系生长于不流动的水或营养液中。容器可以是鱼缸、玻璃器皿或艺术花瓶等，如果是在透明容器内进行花鱼共养，还可以观根赏鱼。静止式容器水培以其独特的观赏性、洁净性以及养护方便性，超越了以往盆栽花卉摆放的区域限制，可广泛应用于宾馆商场、机关、医院、家庭等各种场合。在家庭的餐桌、书房的办公桌、客厅的茶几和地面及宾馆商场的接待台等任何位置摆放，更有益于人的身心健康，使得环境更加高雅和富有情趣，如图 1-27 所示为书桌上的水培花卉。

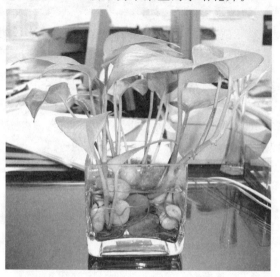

图 1-27　书桌上的水培花卉

（1）裸根式水培　植株所有的根系均为水生根，将植株固定在一个容器内，根系一部分暴露在容器内的空气层中，一部分处于营养液中。容器多数采用透明玻璃的。

（2）套盆式水培　由内外相套的两个容器组成。内容器与外容器底部有一空隙空间，这个空间可贮存营养液。内容器底部和营养液面之间要留有一定的空气层。植物根系大部分分布于内套盆的基质内，而底部的营养液只起到虹吸供水保湿及为少部分根系提供生长空间的作用。内容器可以是定植杯或定植篮，其栽培基质大多采用陶粒，也有用珍珠岩、蛭石、泥炭或彩砂等的。套盆式水培的根系类型为复合型根，分布于固态基质部分的为陆生根，分布于底部水层中的根为水生根。外容器可以是透明玻璃的，也可以是不透明的。

2. 漂浮式绿化水培

水面漂浮栽培一般是针对园林景观、庭院池塘、江河湖泊、楼顶阳台绿化及室内等水体所进行的水面造景绿化，形成水上花园。水上花园的建造是对水面进行绿化设计后，再结合栽培载体及框架式大浮体技术，创造出水面种植空间，然后将水培植株固定栽培于载体上，实现漂浮栽培。它的特点是植物运用漂浮板漂浮生长于水面。这种水体因水的流动或充分与大自然的流动空气接触，往往水中具有充足的溶解氧，如图1-28所示为漂浮式绿化水培。

图1-28　漂浮式绿化水培

如果在庭院池塘、宾馆酒店大堂或在家里制作一个有山、有水、有花、有草、有鱼，花草都生长在水面上的园林景观，可使我们的生活变得更加自然和温馨。如果在大面积的水面上点缀上一些水培花卉，则可使单调的水面变得丰富活泼。

楼顶阳台一般裸露在外，厚重的土壤种植也不适宜，漂浮水培技术就轻松解决了这个问题，而且也避免了土壤栽培的除草、施肥、浇水等繁杂的管理。

水培花卉

第二章 水培花卉栽植要点

水培是一种新型无土栽培方式，特别适宜室内。而其栽植核心是将植物根茎固定于定植篮内并使根系自然长入植物营养液中，花卉所需的各种营养也是从营养液中获取，支撑花卉植物生长的整个生命过程。

第一节 水培花卉的栽培过程

随着我国都市生活的发展，越来越多的人喜欢花卉栽培。花卉栽培形式多样，除了盆栽、干花、插花等花卉形式之外，还有水培花卉。水培花卉备受青睐，因其取材方便，器皿款式花样多，搭配丰富，富有情趣。本节主要就水培花卉的选购、识别、使用器皿等栽培过程惊醒一一讲解。

一、如何选购满意的水培花卉

1. 个人的喜好

若是个人没有什么特殊要求，适宜选择适应性强、栽培管理容易、且能改善环境的品种，如虎皮兰、吊兰、白鹤芋、龟背竹、富贵竹等都是不错的选择，可以直接去花卉市场（图 2-1）选购。

若对某种花卉有特殊兴趣，则可以按照自己的喜好和经济能力来选择。若只是单纯的喜欢，对环境没有什么突出价值，而且需要特殊的环境条件和较高的栽培技术，建议一般不要选择这类品种。

2. 摆设花卉的环境

在大型空间种植或摆放株形高大的水培花卉；反之，则选择株形小的植株。如经济上许可，选购一些姿态优美，在高度、大小上能和家居空间相匹配的植株。一株 2m 左右的花叶

图 2-1　花卉市场

榕可在室内生长十多年，甚至数十年。它的形状短时间内不会有明显的变化，也不会因衰老过快而需要更新，管理极为方便，可以省去很多照料它的精力。如图 2-2 所示为花叶榕盆栽。

图 2-2　花叶榕盆栽

3. 水培花卉的习性

在选择家庭水培花卉以前要了解它们的生长特性，以及其生长速度如何，最终大致能长到多高多大等信息。

4. 栽培养护的水平

在选择水培花卉前，要考虑有可能花多少时间和精力去管理它们。如果你是个上班族，则可以选择容易栽培的花卉，这类花卉较多，它们适应环境的范围也较宽。如虎尾兰、绿萝（图2-3）、富贵竹、吊竹梅、广东万年青等植物。如果你有一定的养花经验，并有较多时间，不妨试试栽培那些对环境要求较为严格的花卉，如竹芋类、某些热带兰、国兰、仙人掌与多肉类以及木本植物等。

图 2-3 绿萝

二、怎样识别真假水培花卉

现在花卉市场上出售的水培花卉，有一些是将土栽花卉的根系清洗干净后直接放到水培容器中拿到市场上去销售的，不是真正在水中培养出来的水培花卉。这样的水培花卉在水中不能长时间的生长，经过一段时间就会死亡。在购买水培花卉时可通过以下几点来识别其真假。

1. 根的颜色识别

水生诱导形成的植物水生根大多具有洁白脆嫩的特点。真正的水培根系，其初生根多数是白色的，白色的根再慢慢变成浅棕色或浅绿色，即使是一些表现本色根的品种，其水生根也比陆生根色泽明显要偏淡，如黄白色、淡黄色、淡褐色等。这与水生根薄壁组织发达，细胞未发生或少发生胞壁加厚的木栓化木质化有关。如果根系全部为土褐色，说明是刚刚从土壤中取出泡在水里的。

2. 根系的形态识别

经水生诱导的水培花卉，长出的根多为一次根系，其根系通常以胡须状不定根的形式存在，不像土壤中的根系有主根、侧根之分，也就是根系不会以多级分枝的状态存在。即使有分级，也是基于须状不定根基础上的少量分叉根。级数少、根结构简单，是真正的水培花卉最为明显的特征。另外，真正的水培花卉有的根会长得很长，土生根则不会有那么长，如图2-4所示为水培花卉强健的根系。

图 2-4　水培花卉强健的根系

3. 根的柔软度识别

真正的水培花卉，其根系一般都比较柔软，根上有细的绒毛，而土培根则较硬，根上一般无茸毛。

4. 根的完整性识别

经水生诱导的根系是从初生不定根开始进行了重新的生长与分化，而且都是在水环境中完成的，具有根系的完整性，这种根系的完整性是土洗苗难以做到的，如图 2-5 所示为根系完整的水培花卉。而一些土壤栽培的植株，尽管小心地进行了冲洗，但总还存在着轻微损伤或严重残根。

图 2-5　根系完整的水培花卉

水培花卉

5. 查看定植篮与根系的结合程度

如果是经过水培诱导技术处理的，其根系应完全渗透到定植篮的网隙中，很难将根系从定植篮中取出。如果是经过洗根栽植到水中的，则其根系与定植篮可完全分离。图 2-6 所示为与定植篮完全结合的根系。

图 2-6　与定植篮完全结合的根系

6. 查看水的清澈度

将土栽花卉的根系清洗干净后制作的假冒水培作品，因根系未能形成水的适应性，在厌氧环境下，会因无氧呼吸而外排大量的有毒中间代谢产物，使容器中的水很快变混或变质。

三、水培植物常用器皿

凡是能盛水的器皿都可作为水培植物的器皿。但由于金属容易与植物营养液发生化学反应腐蚀器皿，因此不能用金属器皿来盛装水培植物。根据材质的不同，常用器皿分为以下几类。

1. 玻璃器皿

玻璃器皿（图 2-7）是最理想的水培植物器皿，其规格品种多，造型各异，透明度好，容易清洗。

图 2-7　水培玻璃器皿

2. 陶瓷器皿

陶瓷器皿（图2-8）有古色古香、形状独特、造型各异、线条流畅等特点，与观赏植物搭配在一起，可展示其典雅、古朴美，极富生活情趣。

图 2-8　陶瓷器皿

3. 塑料器皿

塑料器皿（图2-9）造型多样，物美价廉，但使用久了，清洗较困难，其透明度不太好。

图 2-9　塑料器皿

水培花卉

4. 竹木工艺器皿

经过防水、防漏处理的天然竹木筒或桶，用于水培植物，有返璞归真之感，让人们的生活更加贴近大自然。

5. 家用果盘、饮料瓶等

家居器皿造型各异，品种繁多，与植物搭配，会有意想不到的效果。

四、如何用水晶泥固定水培花卉

水晶泥是采用高分子材料生产制作的，可反复吸收、保持、释放水分及养料。因为它形如水晶，因而被称作水晶泥。水晶泥无毒无污染，异彩缤纷。用水晶泥种植，更加意趣横生，妙不可言。

1. 植物的选择

水晶泥适宜种植喜欢阴湿、适水性强的室内水培植物，如袖珍椰子、吊兰、富贵竹、观音莲等。

2. 器皿的选择

种植水晶泥的器皿适合就好，不宜过大，一般以容积为250～2500mL为宜，适宜栽种矮型室内观叶植物，可单株、双株或多株种植。如图2-10所示为水晶泥养花。

图2-10 水晶泥养花

3. 水晶泥的浸泡

水晶泥干颗粒需要先进行浸泡，需用50～100倍的水浸泡2～4h。如图2-11所示为浸泡水晶泥。

4. 护理方法

（1）水晶泥种植后，若发现植物根系有受损烂掉或部分叶片变黄现象，要及时倒出水晶泥，处理掉烂根，清洗滤干水晶泥后再种植。

（2）若发现水晶泥表面不干净，可把表层水晶泥取出，清洗干净，浸泡还原后，晾干表面水分再置入器皿中，如图2-12所示为水晶泥无土栽培的花卉。

图 2-11　浸泡水晶泥

图 2-12　水晶泥无土栽培的花卉

（3）水晶泥中的营养成分一般可供植物使用半年左右，具体视植物花卉的生长情况而定，适时添加或更换水晶泥，也可定期添加适量的植物生长营养液。不宜用自来水，自来水中含有杀菌的氯离子，会漂白水晶泥。

（4）一般半个月左右向花卉叶面喷洒叶面水或叶面肥，切记不可喷洒过多，造成叶片发黄。

五、常用颗粒基质

一般颗粒基质都呈碱性，使用前先用水冲洗干净，用作装饰和固定植物。刚播种的木本小植株、棕榈科植物等都可以用颗粒基质水培。以下为几种常用基质。

1. 陶粒

陶粒是一种人造轻集料，外壳坚硬，表面有一层隔水保气的釉层，内部具有微孔多孔的陶质粒状物，如图 2-13 所示为用于盆栽的陶粒。常见的有黏土陶粒，其主要原料是海泥黏土，这种海泥黏土无毒、无味、耐腐蚀性好，吸附性极好，适用于各类水质净化，对微生物的附着生长十分有利，植物无土栽培、盆花和盆景栽培应用非常广泛。

图 2-13　用于盆栽的陶粒

2. 兰石

兰石（图 2-14），又称火烧土或火山膨长石，专用于种植兰花，有较好的透气性和保水性，且钾素含量丰富。

图 2-14　兰石

3. 石米

石米（图 2-15）是天然石材通过加工而成的大小如花生、黄豆的颗粒。

图 2-15　石米

4. 麦饭石

麦饭石（图2-16）是一种无毒无害，并具有一定生物活性的矿物保健药石。它具有良好的溶出、吸附性和生物活性等功能，具有过滤净化作用。同时还能吸附重金属离子有害细菌，起到过滤水体和调控水质等作用，是非常理想的水培植物固定和装饰材料。

图 2-16　麦饭石

六、水培花卉的常见取材方法

水培花卉的取材可分为5种，即洗根法、水插法、剪取走茎小株法、切割蘖芽法、播种法。

1. 洗根法

将植物洗根后，移植到水培容器中，这种方法适用于多种花卉由土培改为水培。具体做法如下。

（1）将根取出后，用水洗掉根部的泥土，如图2-17所示为水培花卉洗根。然后，修剪掉枯萎根、烂根、截短过长的根。修根有助于水栽植株根系的再生，促进新根的萌发，从而促进植株对营养物质的吸收。

（2）修剪完成后，先将植株的根部浸泡在浓度为0.05%～0.1%的高锰酸钾溶液中20～30min，然后装入玻璃容器或分别插进定植杯的网孔中，注意尽量使根系疏散，小心操作，不要损伤根系。将清水培护的植物放置在偏阴处，避免阳光直射；若空气干燥，向叶面或四周喷雾，保持空气湿润。

（3）注入自来水，没过根系的1/2～2/3，让根的上端暴露在空气中。第1周每天换水一次。高温天气需每天换水。因为植物的呼吸作用强，消耗水中的氧量多，勤换水以保证水中的含氧量充足，直至花卉在水中长出白色的新根后，再慢慢减少换水次数。

（4）当花卉在水中长出新根，即可改用营养液栽培。

图 2-17　水培花卉洗根

2. 水插法

水插法是水培花卉常用、简便的方法，容易栽培成功。从母株上截取茎、枝的一部分插入水里，在适宜的环境下生根、发芽，长成为新的植株，如图 2-18 所示为水插花卉枝条。具体方法如下。

图 2-18　水插花卉枝条

（1）选择健壮、节间紧凑、无病虫害的植株。在选定截取枝条的下端 0.3～0.5cm 处，用快刀切下，切面要平滑，切口部位不得挤压，更不可有纵向裂痕。

（2）切割后，用清水冲洗干净枝条的伤口。将切下的枝条摘除下端叶片，尽快插入水中。切取带有气生根的枝条时，应保护好气生根，并将其同时插入水中，水漫过气生根，则可将气生根变为营养根，还对植株起支撑作用。对于多肉植物，应先将插穗放在阴凉通风处晾干（一般 2～3 天），让伤口充分干燥，然后再插入水中。

一般以浸没插条的 1/3～1/2 的水位为宜（多肉植物插条时，让插穗剪口贴近水面，但勿沾水，以免剪口浸在水中引起腐烂）。为保证水质，3～5 天换水一次，同时冲洗枝条，洗净容器，大约 7～10 天之后即可萌根。经过约 30 天的养护，多数水插枝条都能长出新根，当根的长度长至 5～10cm 时，换用低浓度营养液养护水培花卉。

若是发现植株的切口出现受微生物侵染而腐烂的情况，应尽快截除插条腐烂部分，并用浓度为 0.05％～0.1％的高锰酸钾溶液浸泡 20～30min，再用清水漂洗，重新插入清水中。仍然可以培育成新的植株。

3. 剪取走茎小株法

有些花卉植株在生长过程中，其走茎上会长出一株或多株小植株，如虎耳草、吊兰、凤梨等花卉，可摘取成型的小植株进行水培，如图 2-19 所示为直接剪取一段走茎培养。小株上大多带有少量发育完整的根，摘取后直接用小口径的容器水培，以便能支撑住植株的下部叶片，防止植株跌落到容器里。注入容器中的水达到根的尖端即可。7～10 天换水一次。当小植株的根向下生长至 10cm 左右时，换用水培营养液进行培育。

图 2-19　直接剪取一段走茎培养

4. 切割蘖芽法

凤梨、君子兰、芦荟、虎尾兰等都是有蘖芽的花卉，可对这类花卉进行剥取植株的蘖芽进行水培栽植，简单易成活，不受季节限制。

选蘖芽较大、已成型的植株，去除上部土壤，露出与母株相连的部位，用手或利刀将蘖芽剥离母株（保护好蘖芽的根），清水洗净根部。用海绵裹住蘖芽的茎基部固定在容器的上口，调整至根尖触及水面，或略微伸至水面以下。大约 5～7 天换水一次，一般 20～25 天

水培花卉

后，花卉植株的基部能长出新根，如图 2-20 所示为水培蘖芽长出新根。继续养护 15～20 天，根长到一定长度后，换用水培营养液栽培。

图 2-20　水培蘖芽长出新根

5. 播种法

对于有种子的花卉，也可采用播种的方法获得水培植株。将种子撒于装有基质的秧盘内，保持基质湿润。将播种秧盘架于水面上，离水面 1～2cm，7～10 天后种子就会萌发、生根，根系慢慢延伸于水面。在水环境下，新生根系会直接诱变成水生根系。当根系有 5～10cm 的长度时，移植于定植篮，注意保护幼根。换用营养液培养，调整根尖略微伸至液面以下，再进行正常的养护管理，如图 2-21 所示为播种繁殖的水培碗莲。

图 2-21　播种繁殖的水培碗莲

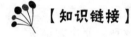【知识链接】

冬季如何选择水培花卉

深受人们青睐的水培花卉，在冬季应该怎样选择呢？冬季选择水培花卉时必须注意以下"四要"。

一要选择适宜水培的花卉种类。水生植物、湿生植物或较不耐旱的陆生植物都是适合水养的，如绿萝、富贵竹、喜林芋、旱伞草、合果芋、吊竹梅等。

二要花卉的抗寒能力要强。抗寒力较强、稍加防寒便可安全过冬的花材有芦荟、吊兰、旱伞草、龟背竹、袖珍椰子、棕竹等。

三要选择已经适应水培条件的花材。已经适应水培条件的花材根部或茎基部会长出一些白色水生根。

四要选择生长健壮、无病虫害的植株。

七、简易水培设施及栽培管理

利用废容器，如饮料罐、大口瓶等，略加整理，就能成为各种花卉的"培养容器"，既可物尽其用，又能绿化居室。

1. 瓶罐类

（1）如金属饮料罐、玻璃或塑料的大口瓶，纸质涂箔方形饮料盒等，本来就是盛装液体的，清洗干净后，即可作为水培容器。如图 2-22 所示为饮料瓶改制的水培容器。

图 2-22　饮料瓶改制的水培容器

（2）定植杯　根据所选容器口部的大小，选用大小正好放入口部 1/3 左右的塑料冷饮杯，作为锚定植物的载体。将杯底部抠出"井"字形孔洞，以便让根系能经此杯底伸入营养液中，而植株的锚定物又不致漏出。开孔还兼有透气功能。如图 2-23 所示为水培定植杯。

（3）植株的锚定　准备一块 8cm×12cm，做衣服衬垫用的无纺布（不织布），将要水培的植株苗或买来的带土盆花等，轻轻去掉上面的泥土，注意保护根系。用无纺布将根系包裹卷好，外面再用多孔塑料海绵，或少量岩棉、玻璃棉等包卷加粗，以便正好能塞进塑料定植杯内起锚定植株作用。如果实在手头没有上述东西，用插花泥，经适当裁割也能作为锚定材料。将包裹着根系的无纺布卷连同露出的根系，一起浸入盛有营养液的的瓶罐中。必须注意，营养液面距定植杯底应保证有不小于1cm 的空间距离。这是水培成败的关键。借助于无纺布的渗吸作用，使营养液源源不断地供给根系营养。经过半个月左右，营养液随着作物的长大和蒸腾而日渐减少。当液位降至容器高的1/4时，可加添新的营养液。这时液面离定

水培花卉

图 2-23　水培定植杯

植杯底的距离可大一些，约 3cm。

（4）栽培管理　若用透明玻璃容器，则必须用遮光物套住瓶体，以免阳光直射而滋生藻类，与栽培物争夺营养。夏天需遮阳，防止暴晒。

2. 箱盒类

（1）箱体　通常作为包装防震用的聚苯类白色硬质泡沫箱，或具有一定强度的瓦楞纸板箱、木板箱等均可利用。一般约为 35cm×25cm×15cm、60cm×40cm×16cm。如箱底（体）有空洞，可用木板或泡沫板铺平即可。箱内衬以黑色农用薄膜，以防营养液渗漏。如确认箱体不会渗漏，又不透光，则可免用薄膜。若无黑膜，其他薄膜也能代用。

（2）上盖　上盖兼定植板的功能。找一块与箱子面积一样的，厚 2.5cm 左右的聚苯类泡沫板作为上盖兼定植板。板上开一定数量的直径 6cm 左右的定植孔。与瓶罐类一样，只要能将所选用的塑料冷饮杯放置其中，又露出约 1/2 杯高即可。定植孔穴的数量视箱子大小而定，一般为 6×16 穴。在上盖侧旁，靠近箱体内侧附近开一直径为 2cm 的小孔，作为平时窥测营养液的液位和添加营养液之用。

（3）定植杯　选材和制备同瓶罐类。

（4）浮板　取一块比箱内净面积四周各小 2.5cm×3cm，厚 2.5cm×3cm 的聚苯泡沫板作为浮板。上面有规则地开些直径 1cm×2cm 的小孔，可以增加浮板的空气含量，并利于根系伸入营养液之中。浮板上铺一层薄岩棉（厚 1cm 左右），或同样厚度的玻璃棉或无纺布，作为渗吸营养液之用。如果没有，可以用医用消毒脱脂纱布代替。渗吸棉层的面积比浮板四周各多出约 6cm，使铺在浮板上的多余部分能从浮板四周自由下垂，浸入营养液中渗吸营养液，藉以保证浮板上形成具有营养液的潮湿层。植物的根系能在浮板上自由伸展，更多地直接接触空气。另一部分根系仍可经浮板四边，或从浮板上的小孔伸入营养液中吸收养分。用这种方法可以弥补一般水培不能循环营养液和充氧的不利环境。

（5）栽培管理　将调配好的营养液倒入水培箱（图 2-24）内。刚定植时，液位应略高一些，控制在浮板正好碰到从定植杯中伸出的无纺布根卷，以便营养液能渗吸上去。最高液位一定要在栽培箱内留有一定的空间。当营养液随着植物的吸收、蒸腾而减少至 3～5cm 时，应添加营养液，直至液深为 10cm 左右；当营养液的养分发生大幅度变化，或沉淀、混浊、恶臭及病原菌感染时，应酌情更新营养液，直至全部更新。

图 2-24　水培箱

第二节　水培花卉营养液

水培花卉营养液是水培花卉最重要的部分，为花卉的生长提供能量。种植在土壤的花卉也是靠花卉的根系从土壤的水分中吸收各种营养，所以水培花卉需要添加各种花卉生长所需的营养成分。本节主要介绍了水培花卉营养缺乏特征、营养液获取途径以及配置注意事项等。

一、水培花卉营养缺乏的判断

各种营养元素充足时，水培花卉能正常生长，一旦缺乏某种营养元素，就会表现出相应的病症。具体症状应根据具体表现仔细检查，作出正确诊断并及时对症治疗。

1. 缺氮

水培花卉缺氮时，其表现是生长缓慢，叶色发黄，严重时叶片脱落，如图 2-25 所示为缺氮水培绿萝。

水培花卉

图 2-25　缺氮水培绿萝

2. 缺磷

水培花卉缺磷时，叶片呈不正常的暗绿色，或出现灰斑、紫斑，成熟延迟。

3. 缺钾

水培花卉缺钾时，双子叶植物叶片先出现缺绿，后出现分散状深色坏死斑；单子叶植物叶片顶端和边缘细胞先坏死，后向下扩展。

4. 缺钙

水培花卉缺钙时，芽的发育受到抑制，根尖坏死、植株矮小、有暗色皱叶。

5. 缺镁

水培花卉缺镁时，老叶叶脉间发生缺绿病，推迟开花，出现浅斑后变白，最后成棕色。

6. 缺铁

水培花卉缺铁时，叶脉间产生明显的缺绿症状，严重时会出现灼烧现象，与缺镁相似，不同处是通常在较嫩的叶片上发生。

7. 缺氯

水培花卉缺氯时，叶片先萎蔫，而后变成缺绿和坏死，最后变成青铜色。

8. 缺硼

水培花卉缺硼时，植株生理紊乱，呈各种症状，大多为茎、根顶端分生组织发生死亡。

 【知识链接】

营养液孳生藻类怎么办

营养液孳生藻类在水培花卉栽养过程中是普遍存在的现象。藻类大量孳生多发生的炎热高温的夏季，是由于器皿透明度好，环境明亮或者更换营养液的时间过长导致的。藻类与花卉争夺氧气，分泌物污染溶液，影响营养液水质。藻类会附着在花卉根系上，妨碍根部呼吸，危害花卉正常的生命活动，危害极大。一旦发现溶液中营养液孳生藻类，要立即更换新的营养液。光照是藻类繁衍的生存条件，可以用旧报纸或挡板遮住水培花卉容器，避免强光直射，减少藻类孳生的机会。

二、如何自制水培营养液

获取水培营养液的方法一般有两种：一是按照营养液配方自行配置；二是有针对性地在

市场上选购营养液浓缩成品。

一般家庭、办公室等室内水培植物数量不会太多，种类不一，对营养液的需要量也不多，所以宜从市场选购营养液（图2-26）。

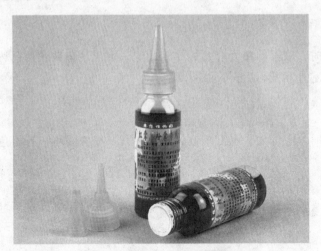

图 2-26　市场选购的营养液

自行配制营养液，需要设备、仪器和一定的操作水平，操作不当会直接影响水培效果。营养液配方中的各种化学物质没有零售，如买多了，用不完难以储存而造成浪费。

以下是自行配置营养液的方法步骤。

1. 按营养液配方自行配制

随着无土栽培及室内植物水培的迅猛发展，多种较成熟的营养液配方已经出现，可供人们使用。

2. 配制方法

根据选定的营养液配方，准备容器、酸度计等，当溶解各种无机盐时，须按配方中的顺序倒入容器中，用酸、碱调节 pH 值。定溶时用去离子水或自来水。

在按配方配制营养液时，只可使用搪瓷、塑料、陶瓷、玻璃器皿等作为配制营养液的容器，不可使用铜、铁等金属容器，以免发生化学反应，影响营养液的配置精确度和使用效果。

在将各种无机盐溶解后倒入营养液储存容器中时，要按配方中的先后顺序倒入，切不可颠倒顺序，以免发生反应而产生沉淀。

营养液的酸碱度直接影响植物对矿质元素的吸收。一般用 pH 试纸进行测定。有 pH 计仪器（图2-27）可用 pH 计仪器调节酸碱度，当 pH 值过高时，用盐酸调节，pH 值过低时，用氢氧化钠调节。不同植物对 pH 值的适应性不同，大多数水培花卉适应酸性或微酸性的水质。

3. 分别配置营养液

为防止配制的营养液产生沉淀，应将大量元素和微量元素分别配制，分别溶解后，再混合在一起。

水培花卉

图 2-27　pH 计仪器

4. 浓缩营养液

由于原液体积较大，为便于储存和携带，通常将原液按一定倍数浓缩，即成浓缩液。浓缩倍数根据需要而定，一般为 100 倍、200 倍、1000 倍等，家庭使用通常浓缩 10 倍即可，浓缩营养液（图 2-28）可保质 1～2 年。市场上购买的营养液成品通常是浓缩液。

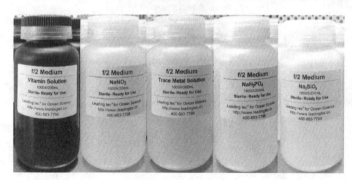

图 2-28　浓缩营养液

稀释液是根据浓缩的倍数，将浓缩液加水稀释成原液，如将 100 倍的浓缩液稀释 100 倍，恢复到原液的浓度；或根据植物种类、生长势、年生长周期、发育期的不同，将浓缩液稀释一定的倍数，如将 100 倍的浓缩液稀释成 1～10 倍，以满足植物生长所需。稀释液一般可保质 2～6 个月。

现在市场上已有多种营养液供应，养花者可根据水培植物的种类有针对性地选购营养液浓缩液成品。

三、营养液配制的注意事项

配制营养液时，先将含钙的化合物与磷酸盐和硫酸盐分开溶解，最后再混合起来，否则会生成磷酸钙或硫酸钙沉淀。为了使用方便，一般将营养液配成 100 倍的母液，使用时再按照配方的浓度稀释。配好的营养液最好用陶瓷、搪瓷、塑料和玻璃器皿避光保存。

配制营养液最好使用杂质、病菌较少的纯净水，且基本不含植物必需的营养元素，这样配置的营养液稳定、一致。用自来水配制的营养液存放时间不长，而且自来水中含氯，过量会损害植物生长。因此，在使用自来水配制营养液时，先在较大口径的水桶里放几天，并搅拌除氯。

大多数花卉喜欢微酸性的环境，植物对环境中酸碱性的适应性是由植物特性决定的。根据植物根系对环境的适应性将其分为：喜酸性植物、弱酸性植物、近中性植物、弱碱性植物。喜酸性植物有杜鹃花、凤梨类、蕨类、八仙花、马蹄莲、秋海棠类等，最适的 pH 值在4.5～5.2；喜弱酸性植物有龟背竹、袖珍椰子、绿巨人、富贵竹、五针松、散尾葵、巴西铁（图 2-29）、一品红仙人球等，适合的 pH 值为 5.2～6.3；近中性植物有菊花、月季、文竹、风信子、水仙、香石竹等，适合的 pH 值为 6.3～7.0；喜碱性植物有石榴、葡萄等，适合的pH 值为 7.0 以上。要根据不同种类的植物来调节溶液的 pH 值，这样有利于花卉对微量元素的吸收，生理代谢不受干扰，生长正常，叶色碧绿。

图 2-29　巴西铁

四、怎样提高营养液溶解氧的含量

增加溶解氧的方法有多种，有化学法、物理法两类。以下介绍的是容易操作、行之有效的几种方法。

1. 增加更换营养液的次数

更换营养液是增加溶解氧最简单方便的方法。经测量，新鲜营养液溶解氧含量较原液增加 70％～90％，能及时改善花卉缺氧的状况。如图 2-30 所示为更换营养液。

花卉长出水生根需要 3～5 天，换营养液的时间段不能超过 7 天。且新旧营养液的温差不能过大，否则可能引起花卉根系生理紊乱。

换液时，用清水冲洗根系，若发现花卉根部有萎根、腐烂根应仔细处理干净，将老化根截短促生新根。营养液若突然变得混浊，有蚊虫等孳生，应立即更换新的营养液。

水培花卉

图 2-30　更换营养液

2. 振动增氧

器皿较小的水培花卉，只要根系清晰无损伤，营养液透彻，就可用振动增氧的方法，一手固定住花卉，一手握住容器，轻轻摇动 10 多次，就能提高营养液氧含量的 30% 以上。

营养液混浊、根系发育不良的水培花卉不宜采用振动增氧的方法，必须彻底更换营养液。

3. 采用水培花卉自动换水器

经测量流动水中的溶解氧含量可达 8～12mg/L，而静止水中仅为 1mg/L。水培花卉自动换水器就是根据这一原理设计制作的。整具框架是花卉栽培器皿，内部装有一台微型循环泵。泵的出口端连接设定的管道，工作时营养液在管道内循环流动，增加了溶解氧，供花卉吸收。泵停止工作后，根系保持有一定液面。用自动换水器栽培无疑是让水培花卉泡在"氧吧"，长势明显优于静止水培。

水培花卉自动换水器的清洗、换液一般 30～35 天一次。

4. 向器皿中充气

如果水培花卉的旁边有一缸观赏鱼，可以利用鱼缸供气泵的备用出气管连接橡胶管，投入静止水培花卉器皿中充气，气流不要太大，免得将营养液溅出，用流动的空气增氧效果也不错。

五、水培营养液如何正确使用

水培花卉的根系直接浸泡在营养液中，所以营养液的浓度对植物生长发育影响很大。水培营养液没有土培的土壤缓冲力大。土壤颗粒表面能够吸附一部分营养元素，多余的养分还可以通过浇水从花盆底的排水孔流出，因此不易伤害根系。而水溶营养液的营养元素全部溶于水中，除被根系吸收外，多余的会积累下来，当浓度达到一定量时，就会对根系产生危害，影响植物生长，甚至导致植株死亡。所以营养液不得随意施用或增加，以免营养液浓度过高而影响生长。使用营养液应注意以下几点。

（1）严格按照营养液说明书的规定和要求进行操作使用。

（2）水培花卉要定时施用营养液。施用时间宜选在植物生长旺盛的春、秋两季。

（3）除注意施肥浓度外，还应考虑植物的习性、生长特性和植物类型等因素。

根系粗大健壮，耐肥力强的花卉，营养液可以适当浓些，如龟背竹、合果芋、绿宝石喜林芋、红宝石喜林芋等。根系较纤细的，耐肥性较弱的花卉，适宜"较稀"的营养液，如长春花、秋海棠类、彩叶草、吊兰类等，如图 2-31 所示为水培吊兰。

图 2-31　水培吊兰

观叶植物施肥主要施氮肥，磷、钾肥为辅。叶面上具有色彩斑块、条纹的，应多施磷、钾肥，特别是磷肥，能使叶片色彩更加鲜艳。

观花植物在花芽分化及花蕾发育阶段，应以磷、钾肥为主，辅以氮肥。

【知识链接】

水培花卉容器内的营养液是否越多越好

水培花卉容器内的营养液适宜为好，而不是越多越好。具体应根据植物花卉根系的生长情况而定。一般情况下，对于根系比较发达的花卉植株，应该让部分根系裸露在液面上方的空气中，以便从空气中获取氧气，有利于植株的健康成长。营养液不能过多，也不能过少，通常只需加入容器深度的 1/3～1/2 即可。

水培花卉

第三章　水培花卉的日常管理

水培花卉虽然操作简单方便，但需要一定的日常管理。水培花卉的管理对技术要求不高，但是加强科学管理是十分重要的环节，也是水培成功与否的关键所在。

第一节　水培花卉日常养护小知识

水培花卉的日常养护不需要像土培花卉一样复杂，是比较简单的。但是，还有很多人刚刚接触水培花卉，对于水培花卉的养护难免觉得有些神秘。现在，我们就介绍一下水培花卉的养护管理方法。

一、水培花卉如何进行温度管理

水培花卉同其他植物一样，都需要适宜的温度才能进行正常的生命活动。

1. 植物生长的三基点温度

三基点温度是植物生命活动过程的最低温度、最高温度和最适温度总称。在最适温度下，植物生长发育迅速而良好；在最高和最低温度下，植物不再生长发育，但仍能维持生命。如果超过温度的最高和最低值，就会对植物的产生不同程度的危害，直至死亡。三基点温度是最基本的温度指标，它在确定温度的有效性、植物种植季节与分布区域，计算植物生长发育速度、光合潜力与产量潜力等方面，都得到广泛应用。此外，还可以确定使植物受害或致死的最高致死温度和最低致死温度。

不同植物的三基点温度因为生长的环境的不同而有较大的差异。

（1）最低点温度　原产热带的植物，最低温度较高，一般在18℃左右开始生长；原产温带的植物，最低点温度较低，一般在10℃左右开始生长；原产亚热带的植物，最低点温度介于以上两者之间，一般约在15～16℃开始生长，如亚热带花卉夏堇。

（2）最适温度　一般为25℃左右。

（3）最高点温度　一般来讲，50℃左右是原产热带的大多数植物的最高点温度，但也有些品种能忍受 50～60℃ 的高温。

2. 花卉越冬温度

一般水培植物多选用热带和亚热带的观叶、观花类花卉。当进入晚秋季节，温度逐渐降低，应做好保温越冬的准备。不同水培花卉植物的抗旱性不一样。

（1）抗寒性强 0℃左右可安全越冬的品种，如郁金香、寒兰、君子兰（图 3-1）。

图 3-1　君子兰

（2）有一定抗寒性，稍加保暖即可安全越冬。这类植物大多为亚热带地区的花卉，如石莲花、紫罗兰、、吊兰、天竺葵、芦荟旱伞草、紫鹅绒、银叶菊（图 3-2）、鸭跖草等。

图 3-2　银叶菊

（3）抗寒性差　热带地区的植物花卉的抗寒性较差，一年四季都要有较高的温度，冬季室温不能低于 10℃。如红宝石喜林芋、富贵竹、绿宝石喜林芋、合果芋琴叶喜林芋、虎尾兰等。

冬季温度低于 10℃ 时，花卉会进入休眠或半休眠状态，此时应停止施用水培营养液，用自来水莳养。

二、光照对水培花卉的影响力

植物的生存离不开光照，植物主要靠光合作用给自身供给能量。根据植物花卉对光照强度的适应度和居室内光照特点，将植物花卉放置在适合的位置，才能生长良好。许多植物，特别是草坪草、玫瑰、蔬菜、果树以及针叶树（针形树叶的常青树）在强太阳光下才能茁壮成长，强太阳光可为植物的生长、开花和结果提供充足的能量。但有些植物，不喜强光照射，尤其是生长在森林和峡谷中的天然植物，比较适合阴暗的环境。

1. 植物对光照强度的适应性

光照有强有弱，不同的植物对光照强度有不同的要求和适应能力，据此可将植物分为以下3类。

（1）阳性植物　指在全光照强度下才能生长健壮的植物，如景天类、罗汉松（图3-3）、仙人掌类等。

图3-3　需要光照的水培罗汉松

（2）阴性植物　适宜在弱光照下生长，耐阴能力较强，如兰科、天南星科、竹芋科、秋海棠科等。

（3）耐阴植物（中性植物）　适应光照的能力介于上述两类之间，在全光照或一定弱光照条件下也能正常生长，如南洋杉、龙舌兰、吊兰、榕树、鹅掌柴、文竹、白鹤芋、蒲葵、紫鹅绒、朱蕉、常春藤、合果芋、万年青、冷水花等。

2. 室内光照特点及分区

室内多数区域只有散射光。根据室内直射光、散射光分布情况，一般可分为以下几个区域。

（1）阳光充足区　离向阳窗口 5cm 以内及西向窗口等处，阳光可以直射，光线充足且明亮。适宜摆放阳性植物，但对夏季的直射光要适当遮蔽，否则易灼伤花卉，如图 3-4 所示为因灼伤而枯萎的花卉。

图 3-4　因灼伤而枯萎的花卉

（2）光线明亮区　离向阳窗口 80～150cm 和东向窗口附近，有部分直射光或无直射光。适宜摆放耐阴植物。

（3）半阴或阴暗区　离向阳窗口较远及近北向窗口，无直射光，光线较阴暗。适宜摆放阴性植物。

水培植物摆放的位置不当，就满足不了水培植物对光照的要求，会导致枝叶徒长，节间长而细弱，叶片畸形，多而小，没有光泽，甚至脱叶，严重影响生长发育和观赏性。

三、改善水质的重要手段：换水

改善水质的重要手段，最方便的就是换水。换水间隔时间的长短和气温、植物种类、生长发育期及水中的微生物活跃程度等有密切关系，如图 3-5 所示为水培花卉换水过程。

图 3-5　水培花卉换水过程

水培花卉

1. 换水次数

有实验证明，水中含氧量和水的温度是反比关系。水温越高，水中氧气泡就会逸出水面使水中含氧量降低；气温低时，水中氧气就不易逸出水面，水中含氧量高。

植物生长的最适温度的季节点是晚春、早秋，这个季节点，植物生长旺盛，但水中的含氧量不会太低，所以，在春秋两季大约 7 天换水 1 次。

冬季温度低，虽然水中含氧量充足，但是植物一般都处于停止生长的休眠期，不需要那么多氧气，因此，换水时间可以长些，10～15 天换水 1 次即可。

夏季处在高温期，水中含氧量少，但植物的生长发育有十分旺盛，同时水中有很多微生物滋生消耗水中氧气，还会使水发臭变质，极大地伤害了植物根系。所以夏季换水要勤一些，一般 2～3 天换水 1 次，特殊情况还要缩短换水时间，并随时注意水质的变化。

2. 换水方法

（1）用清水冲洗根部，除去黏液，处理掉烂根和老化的根。

（2）清洗干净容器，容器壁上的青苔、藻类都要清除干净，让容器清洁如新。

（3）注入容器中的清水不宜太满，以浸没根系长度的 2/3 为宜，使部分根系露在水面以上有利于吸收空气中的氧气。

（4）平时应注意水分的消耗，当水分减少到原来水量的 20％～30％时，及时补充水分，使水位恢复到原来的位置。

（5）换水的同时也要换新的营养液，保持两者的时间协调一致，以免影响植物生长及避免浪费。

 【知识链接】

水培花卉水质的选择妙招

水培用的清水以去离子水最为适宜。去离子水含杂质少，对营养液中的化学成分影响小，可保证营养液的稳定。自来水也可应用，因自来水中的含菌量和杂质在生产过程中已得到有效控制，同时自来水获取方便。其他如河水、湖水、池塘水等存在不同程度的污染，富集性强，会影响营养液的效果，用于水培植物是不适当的。

四、脱去污秽的"外衣"：洗根

水培花卉是最简单方便且零污染的养花方式。在欣赏水培花卉的同时，要注意经常换水洗根。水培花卉的管理技术换水洗根，是保证水培花卉生长良好的重要一环，尤其是随着季节的变化，换水、洗根十分关键。下面我们来介绍下水培花卉换水洗根的方法。

1. 洗根原因

（1）培养水培花卉的营养液能保证植物生长所需的水分和养分，但是植物所需的含氧量会随着花卉的生长而日渐减少，当减少到一定程度时，既会对花卉生长由于缺氧而产生影响，所以需要换水来补充氧气。

（2）水培花卉生长在水里的根系，一方面吸收水中养分；另一方面进行新陈代谢向水中排放一些有机物质，也有废物或毒素，并在水中沉积，如果这些"废物"不能及时排出去，很容易再次被植物吸入体内，如此反复吸收，排泄，再吸收，再排泄的恶性循环，对花卉的生长十分不利。

（3）水培花卉需要经常向水中加一些营养肥，但植物花卉不可能完全吸收，还有一部分矿质元素残留在水里，当达到一定数量后，对花卉也会产生一定的危害。

（4）水培花卉长期生长在水中的根系，会产生一种黏液，黏液多时不但影响花卉根系对营养的吸收，而且还会对水造成污染。

由于上述种种原因，必须对水培花卉进行定期换水和洗根的管理，如图 3-6 所示为水培花卉洗根。

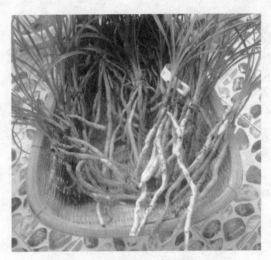

图 3-6　水培花卉洗根

2. 洗根方法

一般情况下，20 天或 30 天左右换一次水为宜，要视具体情况而定。

根据不同的花卉种类及其对水培条件适应的情况，定期换水。有些花卉，特别是水生或湿生花卉，很适应水生环境，水栽后能很快在原根的基础上长出新根，且能很好地生长，换水时间间隔可以长些。有些植物花卉，水栽后对水环境不适应，生长缓慢，甚至水栽后会出现根系腐烂。所以，对于这些花卉，在水培初期，需常换水，有时需要天天换水。直至萌发出新根并恢复正常生长之后才能逐渐减少换水次数。

 【知识链接】

如何把握水温

用于更换的水的温度，要接近气温，不宜过分低于气温，尤其夏季。若是水

水培花卉

温远低于气温，植物根系也会像人一样出现痉挛的情况，甚至窒息而失去吸收功能而死亡。换水时，先将水放置在室内半天时间，让水温接近气温时再换水。

五、水培花卉如何合理施肥

水培花卉是以水为介质，所用的肥料是由多种营养元素（大量元素和微量元素）配制而成。而花卉所需的大量元素如氮、磷、钾几乎为空白，所含的微量元素远远不能满足花卉的正常需要。因此，对于水培花卉及时有效地合理施肥，是一项十分重要的管理措施。那么下面我们一起了解一下对水培花卉怎样掌握施肥特点、施肥时间、施肥数量及施肥技术。

1. 施肥特点

水培花卉是放置在无底孔的容器中，以水为介质进行栽培的，施肥技术与土培花卉不同。土培花卉因介质是土壤，而土壤颗粒的表面可以吸附一部分养分，多余的养分还可以通过盆底的漏孔自动流失，所以它对施肥的浓度起到一定的缓冲作用。但水培花卉的施肥就不同了，追施多少肥，就全部溶解在水中，一旦超过花卉植物的忍耐度，就会对花卉造成危害。所以，对水培花卉施肥的量和种类要严格控制。

2. 施肥数量和时间

对施肥数量和时间上，遵循少施勤施的原则，并根据其换水的次数，一般每换一次水都要加一次营养液。

3. 施肥技术

水培花卉还要根据其不同情况，进行科学合理的施肥。

（1）根据不同花卉种类合理施肥　不同的花卉种类对肥料的适应能力不一样，应根据花卉植物的自身特点施肥。一般规律是，对根系纤细，耐肥力差的花卉，对其施肥时就应掌握淡、少、稀的原则。对耐肥力的花卉施肥时，应当遵循少施、勤施的原则。观叶类的花卉，宜施氮肥。对叶面具有彩色条纹或斑块的花卉种类，少施氮肥，否则会减淡花纹纹路，应适当增施磷、钾肥。对于观花类的花卉，在花芽分化及花芽发育阶段，以磷、钾肥为主，辅以氮肥。

（2）根据季节和气温合理施肥　在炎热高温的夏季，应降低施肥浓度，特别是怕高温的花卉，夏季生理活动较慢甚至停止生长。对于此类花卉，此时应停止施肥，否则造成肥害。

（3）根据花卉的生长势施肥　室内的光照条件不如室外的好，所以，室内的花卉大都是喜阴或半喜阴的，其植株的长势也会比较瘦弱，对肥料浓度的要求也会降低。因此，对光照条件差的花卉，应尽量降低施肥的浓度。

（4）施肥时应注意的几个问题　一是对于刚进行水培的花卉，还没有适应水环境，常常出现叶色变黄或个别烂根现象，此时不要立刻施肥，10天左右待其适应了水环境之后再施肥。二是不要在水中直接施入尿素，因为尿素是一种人工无机合成的有机肥料，水培是在无菌或少菌状态下栽培，如果直接施用尿素，不但不能吸收，而且还会使一些有害的细菌或微生物很快繁殖而引起水质污染，并对花卉产生氨气侵害而造成花卉中毒。三是若是发现水培花卉出现因施肥过浓而出现的一些不良现象，如根系腐烂，而且水质污染变臭时，应尽快剪除朽根，并及时换水和洗根。

 【知识链接】

水培花卉如何进行根外施肥

除了水中施肥，还可以进行根外施肥，即采用叶面施肥的方法补充营养元素，还能提高花卉的品质。在花卉营养生长期，可用 0.2% 的硝酸钾稀释液喷施叶面，用细孔喷壶，尽量不要使肥液流失，叶子的背面也要喷到，每周喷施1 次，生长期喷 2 次，能使水培花卉枝繁叶茂。适宜观叶同时又能赏花的花卉，如四季秋海棠、银苞芋、马蹄莲、竹节海棠等，可在现蕾期每周用 0.15% 的磷酸二氢钾稀释液，向叶面喷布一次，直到花朵开放。

六、水培花卉如何与室内环境相辅相成

水培花卉的摆放装饰与其他盆栽的花卉效果一样，根据居室的装修风格、空间大小和色彩格调等，合理布局，达到和谐统一的观赏效果。

1. 水培花卉的大小要与室内的空间大小相协调

空间宽敞的居室，适合体积较大的植物，以免产生空旷感。空间较小的居室，适宜选择体积较小的花卉，以免产生压抑感。水培花卉的种类要与室内的生态条件相适应。不同居室内的光照强度都是不同的，应根据不同位置的光照条件选择相适应的花卉种类。若是，室内花卉的光线不好，可以适当将花卉经常调换位置。另外，要注意花卉的安全越冬。

2. 水培花卉摆放的数量要与居室面积相协调

试验认为，按照房间的面积来计算，每 $10m^2$ 大的面积栽种一两种花较适宜。据此推算，$50 \sim 60m^2$ 面积的居室，摆设大小不等的水培花卉 5～10 株，既能美化环境，还能净化空气。

3. 水培花卉的姿态要与居室的布局和摆设相呼应

在居室的门口、沙发旁、餐桌上都可以放置一株水培花卉，如图 3-7 所示为餐桌上的水培花卉。地上宜放置绿萝柱、绿宝石喜林竿柱、红宝石喜林竿柱、棕竹、斑马万年青等大型植株；台桌上放置滴水观音、绿巨人、丛生春羽、龙血树、白柄粗肋草等中型花卉和竹节海棠、摇钱树、仙人掌、紫鹅绒、文竹、合果竿、凤梨等小型花卉；大橱顶上、墙壁上和用作悬挂装饰时，选择迷你龟背竹、常春藤（图 3-8）、绿萝、吊兰等枝叶下垂的花卉。

此外，水培花卉不适宜放在正对空调的出风口的位置，风速过快会使枝叶受伤害，轻则叶片卷曲，重则焦边枯萎。开启空调机时在花卉旁边放一盆清水或往叶面喷雾，可以增加环境湿度。将花卉放得离空调远一些，昼夜温差大也是没问题的。

水培花卉

图 3-7　餐桌上的水培花卉　　　　　　　　图 3-8　常春藤

七、水培花卉的其他养护要点

水培花卉的养护除了注意温度、光照、水肥等方面外，还要注意以下几个小常识。

1. 容器和植株的清洗

（1）水培花卉的容器一段时间，水质浑浊，容器壁会出现青苔、植物根系会附生黏附物等现象，影响观赏，因此要不定期清洗。

（2）取出植株，剪除去根系中的老化根、烂根，用清水冲洗掉根上的黏附物。如图 3-9 所示为剪除老化根、烂根。

图 3-9　剪除老化根、烂根

（3）在容器中加入适量玻璃净或洗洁精，也可用 0.1％的高锰酸钾溶液清洗、消毒容器，用刷子或布清洗容器内外壁并用清水冲净。

（4）换上新鲜水或培养液，将植株放回容器即可。

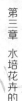

2. 喷水洗叶

给水培花卉喷水洗叶，可以提高空气湿度，尤其是空气干燥的居室，这有利于花卉的生长，如图 3-10 为向水培花卉叶面喷水。

图 3-10 向水培花卉叶面喷水

3. 适当通风

水培花卉生长情况，与水中含氧量有很大关系，而水中含氧量又与室内人员的活动和通风的好坏有关。室内不通风，人员活动频繁，水中含氧量就少。因此，可以在有花卉的位置，加强通风，以保证花卉的良好生长。

4. 及时修剪

水培花卉需要及时修剪，才能保持完美株形，提高观赏价值。

（1）短截和摘心　对过长枝条，在适当高度，用锋利的刀片短截，截面要光滑；也可摘心，将枝条顶端摘除。短截和摘心均能控制高度，又能促发分枝，使株形丰满。

（2）根系修剪　根系生长过长或老根数量过多时，应将过长根系短截，疏剪老根。修剪后的根系不仅美观，还能促进根的新生，有利于吸收水分和养分，促进植物生长。根系修剪一般在春季花卉生长时进行，如图 3-11 为修剪后的水培文竹。

图 3-11 修剪后的水培文竹

水培花卉

5. 保持卫生

水培花卉营养液是无机营养，最忌有机物进入水中，更不能用有机肥料。不可向花卉营养液中投放食物及有机肥料，不要将手随意伸进去，以免污染水质，影响花卉的生长。

6. 冬季保暖

水培花卉能否安全过冬，与保暖工作做得好坏有很大关系。一般温度在8℃以上，大部分水培花卉不至于受害，当室内最低温度不能达到5℃时，就要采取必要的保护措施了。

 【知识链接】

水培花卉夏季适宜摆放在什么位置

水培花卉选取的花材多数为耐阴的观叶花卉及花叶兼赏花卉。其特点是喜温暖湿润，略耐蔽阴，惧高温，如银苞芋、花烛、白玉万年青、合果芋、凤梨等。从土培到水培只是改变了栽培形式，不可能改变其生长习性及所需要的环境因子。炎热高温的夏季宜将水培花卉放在光线明亮、湿度高，较凉爽，通风好的环境。忌阳光直晒，但也不能过于隐蔽，不能进行正常的光合作用，影响观赏和正常生长。

第二节　水培花卉的病虫害防治

由于水培盆栽大多摆放在室内，因此发生病虫害之后不宜使用大量化学农药，因为化学农药虽然能起到杀灭病虫的作用，但同时也会污染环境。所以，水培盆栽的病虫害防治应该以预防为主。本节主要讲述水培花卉虫害与病害等的预防措施。

一、如何预防水培花卉病虫害

水培花卉的方式虽然摆脱了土壤病虫害的侵染，但仍然会受到环境中其他病虫害的侵害。空气中的真菌、细菌、病毒仍可侵染水培花卉的茎叶；蚜虫、蚧壳虫可随风飘至室内，降落到水培花卉上刺吸汁液；飞蛾在花卉上产卵，孵化成幼虫，也会嚼食花卉的嫩叶、茎尖。因此，水培花卉仍然需要悉心照料。

对水培花卉可能发生的病虫害应以预防为主。因为向溶液中喷洒除虫剂或其他药品会在很大程度上污染水质，对花卉的成长极为不利。

在挑选水培花卉时，选择健壮茂盛，无病虫害的花卉植株。在莳养过程中发现虫害，可采用人工捕捉，或用自来水冲洗清除。

1. 侵染性病害的预防

水培花卉发生侵染性病害是不多的，其症状是只在少数叶片上有褐色病变，干瘪坏死，或者有不规则圆形湿渍状病变，这是由真菌或细菌侵染形成。发现病变后，及时摘除病变的叶片烧毁，勿使其蔓延，如图 3-12 所示为侵染病害的水培花卉。

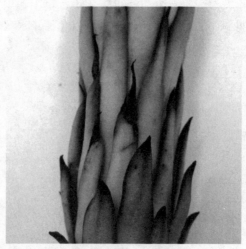

图 3-12　侵染病害的水培花卉

2. 非侵染性病害的预防

非侵染性病害的原因是由环境因素引起的。炎热高温的天气，寒冷的冬季，干燥的气候，空气不流通，烈日灼伤，过度蔽阴，营养液浓度过高都会导致水培花卉出现病害。叶尖焦枯，下部叶片发黄脱落，根腐病，这都是静止水培的常见症状。

针对以上不同症状找出相应产生的原因，加以纠正，改善莳养环境，避免非侵染性病害的发生。

二、水培虫害防治的妙招

如果水培花卉发生了虫害，可以用以下妙招进行防治。

1. 风油精杀虫法

用风油精 700 倍液喷洒，具有熏蒸作用，可渗透到虫体内，使害虫致死。特别是对蜡质蚧壳虫防治效果良好。

2. 洗洁精杀虫法

用洗洁精稀释 500 倍液加入 1 滴色拉油喷洒，连喷 3 天，可杀死害虫，再喷清水，减少洗洁精的副作用。

3. 色彩防蚜虫法

在花盆的下面铺设银灰色地膜或在植株上空悬挂银灰色锡箔纸，驱避迁飞性有翅蚜虫。也可在花株上空悬挂黄色板，在黄板上涂上机油或凡士林，诱粘雌蚜，减少发生，防止病毒传播。

4. 植物克虫法

取几瓣大蒜，去皮后捣烂，加水稀释 15 倍，浸泡 24h 后，取上清液。用其喷洒叶片，可防治蚜虫、红蜘蛛、蚧壳虫等虫害。另外薄荷、薰衣草、无患子、韭菜、洋葱、烟草的浸出液也对蚜虫、蚧壳虫、红蜘蛛有防治效果，如图 3-13 为侵染虫害的水培花卉。

图 3-13　侵染虫害的水培花卉

5. 混合液杀虫法

将洗衣粉、尿素 1∶4 混合后加入 100 倍的水，搅拌成混合液后，用以喷洒植株，可以收到灭虫、施肥一举两得之效。

6. 熏蒸法

点燃蚊香一盘，置于蚜虫为害植株盆边，再用塑料袋连盆扎紧，经过 1h 左右的烟熏后，不论卵或成虫均可杀死。图 3-14 所示为用蚊香熏蒸。

图 3-14　用蚊香熏蒸

7. 诱杀法

用于防治蜗牛，将啤酒倒入浅盘内，放于地面上，如图 3-15 所示，蜗牛嗅其酒香，就会自行爬入盘中淹死。

图 3-15　啤酒诱杀蜗牛

三、水培花卉为何会黄叶

黄叶是水培花卉最常见的病害，引起黄叶的原因很多，主要有以下几点。

1. 营养液不足

花卉的营养液加入不足，尤其是长期缺乏氮肥，枝叶会出现瘦弱，叶薄而黄的现象。适当增加营养液的氮肥量，即可解决黄叶问题。

2. 水质偏酸或偏碱

有些地方水质会偏酸或偏碱，这种环境会导致营养液中某些元素沉淀，从而导致花卉产生缺素症，其症状是叶片失绿变黄或老叶、叶脉间失绿发黄。方法是调节营养液的酸碱度，对于偏酸的可滴入少量苏打，对于偏碱的适当加入醋酸，然后测试其酸碱度，直至调整到合适的酸碱度。

3. 长期放于室内

水培花卉一般放置在室内观赏装饰，但对于一些喜光的花卉待在光线不足的环境，其生长势会减弱，叶片变薄而黄，不开花或很少开花，培养这类花卉应该经常将其放到室外见见光，如图 3-16 所示为患上黄叶病的水培莲花竹。

4. 温度变化

北方的冬季天气寒冷，当室温低于 10℃，一些喜高温的花卉，就会受害，引起叶片发黄脱落；当室温低于 5℃，大部分喜温暖畏寒冷的花卉也会受害，叶、花、果发黄，干枯，易脱落。因此，入室后要根据各类花卉对温度的要求调节室内温度。

5. 虫害

如植物叶片受到红蜘蛛（图 3-17）和蚧壳虫的侵袭，也会导致叶片发黄，此时应人工捕捉害虫，一般，工作量没有那么大。

图 3-16　患上黄叶病的水培莲花竹

图 3-17　红蜘蛛

6. 肥害

如果发出的新叶肥厚而有光泽，但是叶面凹凸不平，老叶逐渐脱落，多是由于肥料过多引起，此时就不要继续添加营养液了，增加向叶面喷水的次数即可解决此问题。

7. 污染

有的植物抵抗有害气体的能力较弱，如果突然受到外来污染的侵袭，就会叶尖枯黄。

8. 水位过低或过高

水位过低时，白嫩的水生根会变成棕色，叶片和叶缘也会因此发黄，甚至会导致植株死亡。水位过高时，浸没了全部根系，会影响根系对氧气的吸收。所以，水培植物的根系一般只浸入水中 1/2 即可，如图 3-18 所示，过多则会引起根系腐烂或叶尖、叶缘枯焦变黄。

最后，需要指出的是水培花卉叶片发黄，机理较复杂，不一定是由一种原因引起的。应仔细观察，对症下药，才能收到良好效果。

图 3-18　根系浸入水中 1/2 处

四、水培花卉烂根的处理方法

由于环境因素或人为管理不当，水培花卉会出现各种问题，烂根就是其中比较严重的问题。

1. 判断

判断根是否腐烂，一是闻一闻水质，有臭味，很可能是根系腐烂变质；二是闻一闻根系，有臭味，则证明根已腐烂；三是观察根系的外观，如果根系发黄、变色，说明根系已受损。

2. 原因

造成花卉根系烂根的原因很多，水中氧气不足、温度过低、肥水不当、遭受病害等都有可能造成植物的烂根。有时正常情况下，也会出现烂根（图 3-19）现象，所以，出现烂根时，不要惊慌，及时采取有效措施就可挽救。

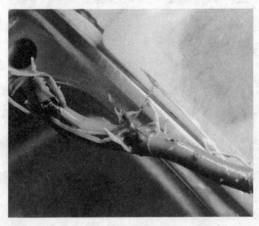

图 3-19　烂根植株

3. 处理方法

对烂根的花卉可采用以下方法使其恢复长势。

（1）清除全部烂根，若茎部已受侵染也要用利刀切除被侵染部分。

（2）修剪过的花卉浸入 0.5％的高锰酸钾溶液浸泡 10～20min 灭菌。

（3）取出浸泡的花卉，在流动水中冲洗。

（4）清洗后的花卉放入原器皿用清水栽养（器皿应洗净）。

（5）1～2 天换清水一次，只换清水不加营养液。若水质清澈，可以减少换水次数。10～15 天左右就能看到有新根萌生。

（6）刚刚萌发新根用清水培养，待气温稳定在 18～25℃时换用营养液栽培。

五、水培花卉叶尖和叶缘枯焦的处理方法

很多人都会有这样的经验，水培盆栽在养护一段时间之后，会就出现叶片或者叶缘枯焦现象，为此，我们常常很苦恼。引起水培花卉枯焦的原因很多，需找出具体原因，对症下药。

1. 缺肥

植物缺肥会导致叶片叶尖枯萎、嫩叶淡黄、老叶暗黄，此时应注意补充肥料，尤其是氮肥。

2. 空气干燥

很多植物对空气湿度的要求较高，当空气干燥时就会出现现叶尖和叶缘枯焦的现象，如龟背竹、龙血树、绿萝等。在炎热的夏季的空调房中，空气干燥，植物也更容易发生叶尖和叶缘枯焦。

3. 光照过强

喜半阴的植物，受到阳光直射时，也会发生叶尖和叶缘枯焦（图 3-20），特别是新生的叶片更容易枯焦。

图 3-20　叶缘枯焦

如果顶叶发黄，枝节徒长，叶片薄，呈嫩黄色，则可能是由于光照不足所致，适当增加光照即可。叶片受到强光直射，出现生理性卷曲、发黄，甚至出现叶片枯焦。因此，应了解植物习性，合理控制光照时间。

4. 低温或高温

植物都有最高、最低耐温度，当超过这个限度，就会发生叶片枯焦，如龟背竹在 5℃ 以下时就会发生叶片枯焦。

第四章　家庭常见的水培花卉

现代都市中，水培花卉已经逐步取代土培花卉出现在家庭中或人们的办公桌上了，成为了人们的新宠。水培花卉卫生环保、操作简单、方便省事，因此水培花卉又被称为"懒人花卉"。

第一节　水培观叶花卉

观叶植物的生命力比其他植物更加旺盛，因此，几乎家家户户都用观叶植物装饰房屋。其中水培观叶花卉不仅干净而且时尚，其中广东万年青、文竹、吊兰、朱蕉、鹅掌柴等水培观叶花卉更是为人们所喜爱。

一、广东万年青如何水培与养护

广东万年青（图4-1），别名亮丝草、粗肋草、粤万年青、万年青。归天南星科粗肋草属

图 4-1　水培广东万年青

（或广东万年青属、亮丝草属）。广东万年青为多年生常绿草本。株高多约 30～50cm，有地下根茎，会萌蘖而生出分株。根系粗短，仅分布于土表附近。单叶，长椭圆形、长卵形或披针形，端尖，全缘，薄革质，具鞘状长柄，叶面随品种而变化，常有不同的银色或白色斑镶嵌。成株夏、秋开花，佛焰苞花序，结浆果，橙红色。

1. 水培方法

（1）诱导生根　可剪取带叶的茎段直接插在透明玻璃的水瓶里，半个月左右便长出须根来。生根期间不要搬动水瓶和换水。可以直接将土栽植株脱盆、去土、洗干净根系，将根系 2/3 浸入自来水的容器中，并加少量多菌灵水溶液防腐消毒，诱导水生根系生长。

（2）选择容器　选择高型玻璃容器。

（3）营养液及管理　水生根系长出后，可适当添加稀释后营养液。春夏秋季 5～7 天更新一次营养液，冬季 15～20 天更新一次营养液。广东万年青耐水湿，部分茎段可直接浸没营养液中。如图 4-1 所示为水培广东万年青。

2. 养护指南

（1）温度与光照　适合广东万年青生长的温度为 20～28℃，温度低于 10℃停止生长。安全越冬温度为 10℃以上。广东万年青喜充足散射光，也耐阴，但忌阳光直射。

（2）换水　广东万年青生长初期 2～3 天换一次水，长出水生根后 15 天左右换一次水即可。

（3）施肥　广东万年青换水时加入营养液，冬季进入休眠期后可减少营养液的使用。每10 天向叶面喷洒 0.1％的磷酸二氢钾稀释液，可增加叶片光泽。夏季天气炎热时经常向叶面喷洒清水，以保持空气湿度。

（4）病虫害防治　水培广东万年青极少发生病虫害，但受光照影响可能会发生日烧病和黄叶病。夏季如受到阳光直射会发生日烧病，冬季光照不足会出现黄叶病。发生时需及时改善生长环境，并剪去病叶。

二、文竹如何水培与养护

文竹，别名云片竹、山草。归百合科天门冬属。文竹为多年生蔓性草本。茎极纤细，圆柱形，多分枝，长可达数米以上，略具攀缘性。叶状枝纤细如羽状复叶，水平展开。叶细小，长 3～5mm，成刺状鳞片（称假叶），鲜绿色。花小，两性，白色。花期多在 2～3 月或6～7 月。果为浆果，紫黑色。品种有密丛文竹、纤美文竹等。

1. 水培方法

（1）方法一　选取株形较小、长势好的土培文竹，挖出后，除去泥土，剪除老根，清水冲洗后定植于透明容器中，注入清水至根系 2/3 处。以后每 2～5 天换 1 次清水，换水时检查是否有烂根，如有则清除掉，可用 0.1％高锰酸钾溶液消毒 10～15min，待无烂根出现后，换清水改为 5～6 天 1 次，2 周后可长出水培根，再加营养液培养，如图 4-2 所示为水培文竹。

（2）方法二　文竹丛生性强，在根颈部常萌生根蘖，用锋利的刀片从中切断，取出带根系的蘖苗，用水冲洗根系后定植于容器中，2～5 天换 1 次清水，10 天后长出水培根。

图 4-2　水培文竹

2. 养护指南

（1）施肥　文竹长出水培根并有较强的生长势时，改用观叶植物营养液培养，营养液宜浅不宜深，夏季每 10 天左右补充 1 次营养液，当营养液的沉淀物增加时应更新营养液，一般 1～2 个月更新 1 次。

（2）光照　水培文竹在夏季忌强光直射，应摆放在凉爽偏阴处。秋末放在室内朝南窗口。冬季摆放在光照较强的窗口处。

（3）温度　水培文竹在冬季室温保持在 5℃以上，5℃以下即会受冻，甚至死亡。

（4）浇水　高温季节及空气干燥时，要常向文竹叶面喷水，保持较高的空气湿度和枝叶的清洁。

（5）换水　初期 2～3 天换一次水，并及时清除腐烂根系，当长出水生根后，7～10 天换一次水即可。

（6）修剪　水培文竹平常应随时剪除枯黄枝、过密枝，维护优美株形。

（7）病虫害防治　水培文竹不易生病，但可偶发红蜘蛛虫害。当发生虫害时，应及时人工捕捉，并观察有无虫卵附着，避免复发。

【知识链接】

如何矮化文竹

若对文竹的生长不加以控制，文竹可长达数米，形成藤蔓，所以家庭观赏需要将其矮化。在幼株时，少施肥，避免植株徒长，只需在生长期少量施肥稳定长势即可。植株过高时，应当及时修剪到适宜高度。除此之外，还可用化学矮化法，在幼苗长至10cm高时，用稀释1000倍的多效唑喷施叶面，也可在成苗时期使用矮壮素等喷施叶面，都能达到矮化文竹的目的。图4-3所示为徒长的文竹。

图4-3　徒长的文竹

三、吊兰如何水培与养护

吊兰，别名挂吊、折鹤兰。归百合科吊兰属。吊兰为多年生常绿草本。株高10～20cm，成株丛生状，根茎短，横走或斜伸。叶片基生，由根茎发出，线形叶，长20～30cm，宽1～2cm，丛生状，多弯垂。花葶从叶丛中抽出，弯曲下垂。花后变成匍匐枝（又称走茎），其顶端可萌生小植株。小花白色，2～4朵簇生于花葶节部。花期为3～6月。同属植物有300余种。常见栽培变种有，银边吊兰、金心吊兰、金边吊兰等。

吊兰叶形如兰，四季常绿；花葶独特，自叶腋中抽出，弯曲下垂，花后变成匍匐枝，端部生出小苗，如礼花四溢，雅致可爱。

1. 水培方法

（1）选择容器　吊兰对水培容器要求不高。无底孔容器均可适用，也可根据个人的审美情趣选用容器。

（2）移栽　选择已萌发出长约1cm气生根的小叶丛，从匍匐茎处切下，用5cm×5cm×5cm的泡沫塑料或岩棉坨挟裹后植入定植杯中，也可直接将小幼株根尖浸入具有营养液的容器中，让其自然生长。

（3）营养液及管理　可选用园试营养液标准浓度的1/4～1/3。水培初期可适当稀一些。吊兰茎短根壮，叶片细狭但数量较多，尤其是晴朗的天气，耗营养液较多，要适时加添。为防止养分积聚，建议每7天加清水一次，30～60天更新一次营养液，pH6～7。

（4）营养液开始液位可高些，能浸没气生根。随着根系的伸长并在粗壮的主根上长出肉质须根后，可适当降低液位，浸没根系2/3即可，如图4-4所示为水培吊兰。

水培花卉

图 4-4　水培吊兰

2. 养护指南

（1）温度与光照　适合吊兰生长的温度为 15～25℃，安全越冬温度不应低于 5℃。吊兰需要较强的散射光照，忌阳光直射。

（2）施肥　吊兰不争肥，只需每次换水时加入专用营养液即可。空气干燥时，用清水喷施叶面，以保持空气湿润和叶片清洁。

（3）换水　水培吊兰初期每 2～3 天换一次水，土养改水培初期会出现烂根现象，需及时剪去烂根和枯叶。当水生根长至 3cm 长时，可改为普通养护，10～15 天换一次水即可。

（4）病虫害防治　水培吊兰病虫害较少，可能会发生蚜虫和叶螨。平时注意观察植株的嫩叶，一旦发现虫害马上捕杀即可。

四、金心吊兰如何水培与养护

金心吊兰是百合科吊兰属多年生常绿草本。金心吊兰是宿根草本植物，具簇生的圆柱形肥大须根和根状茎。

金心吊兰的最大特点是金心吊兰成熟的植株会不时长出走茎，走茎长 30～60cm，先端均会长出小植株。花葶细长，长于叶，弯垂；总状花序单一或分枝，有时还在花序上部节上簇生 2～8cm 的条形叶丛；花白色，数朵 1 簇，疏离地散生在花序轴。花期在春夏间，室内冬季也可开花。吊兰的园艺品种除了纯绿叶之外，还有大叶吊兰、金边吊兰 2 种。前两者的叶缘绿色，而叶的中间为黄白色；金边吊兰则相反，绿叶的边缘两侧镶有黄白色的条纹。其中大叶吊兰的植株较大，叶片也较宽大，叶色柔和，是非常高雅的室内观叶植物。

1. 水培方法

（1）方法一　从金心吊兰匍匐枝上剪取带有气生根的小叶丛，清水冲洗后，定植于透明容器中，注入清水至根系 2/3 处，部分根系露出水面。以后每 2～3 天换水 1 次，并冲洗根部。3～5 天就能长出适合水培条件的白嫩肉质新根，如图 4-5 为水培金心吊兰。

图 4-5　水培金心吊兰

（2）方法二　采集生长健壮的金心吊兰植株，用清水洗净，剪去全部须根、老根、烂根，摘除老叶及黄叶，留 2～3 根新根、6～7 枚叶片。将植株浸入 1‰高锰酸钾溶液消毒 10～15min，然后用清水冲洗，用清水培养约 1 周后，处理液用 200mL 棕色培养瓶分装，溶液体积占容器的 2/3 即可，材料根系浸入溶液，其余部分暴露在空气中，在瓶口处用棉花固定植株。材料处理后在阴凉处放约一周，每天用去离子水补充水分。7 天后置于阳光充足、通风良好的窗台培养，每 5 天更换 1 次营养液，极易长出水培根。

2. 养护指南

（1）施肥　金心吊兰长出水培根后，移至疏荫环境下，改用普通植物营养液培养，1～2 个月更换营养液 1 次，浓度宜淡不宜浓。

（2）光照　水培金心吊兰适合放置在光线明亮处养护，若得不到充足的光照，则叶片细长，叶色变淡，叶面花纹不明显，植株缺少生机，使观赏价值大为降低。

（3）温度　养护金心吊兰的最高温度不能超过 30℃，否则叶片常发黄干尖；冬季室温保持在 12℃以上，低于 5℃就会受冻。

（4）浇水　当空气干燥时，常向金心吊兰叶面喷雾，增加空气相对湿度，可避免叶色变淡、叶尖枯焦现象的发生。发现枯叶应及时剪除，匍匐根过长时宜剪短。

（5）病虫害防治　吊兰病较少受到虫害侵袭，大多为生理性病害，表现为叶前端发黄，应加强肥水管理。时常检查，及时人工摘除叶上的蚧壳虫、粉虱等。

五、朱蕉如何水培与养护

朱蕉，别名称铁树、红叶铁树、红竹、千年木、青铁、朱竹、彩叶铁，为龙舌兰科朱蕉属。朱蕉的叶子聚生枝顶，叶面条纹多样，色彩丰富。为常绿灌木或小乔木。地栽的株高 3～5m 或更高；盆栽的 0.5～1m 为多。茎直立，细长，少分枝，单生或丛生；具肉质地下根茎，根白色。叶密，生于茎顶，宽或窄披针形，近革质，绿色或具各种色彩的条纹。

水培花卉

1. 水培方法

（1）朱蕉茎秆直立，盆具应较敦实才不至于头重脚轻。盆钵直径以株高 1/5 为宜。

（2）洗净植株根系泥土，以海绵等柔软之物挟裹根际，置入定植杯里，再将定植杯置入容器口部，使根系的 2/3 浸入营养液。如图 4-6 为水培朱蕉。

图 4-6 水培朱蕉

（3）选用观叶营养液的 1/3～1/2 浓度，pH5.8。营养液浸没根系 2/3，每 15～25 天更换一次营养液。

2. 养护指南

（1）温度与光照 适合朱蕉生长的温度为 20～25℃，安全越冬温度为 5℃以上。朱蕉喜光，但忌长时间阳光直射，短时强光和半阴皆不影响其生长，夏季午时需稍遮阴。

（2）换水 水培朱蕉初期 2～3 天换一次水，长出水生根后，15～25 天换一次水即可。

（3）施肥 水培朱蕉换水时加入营养液，视植株长势酌情缩短或延长添加营养液的时间。经常向叶面喷水，可保持叶片的鲜艳。

（4）病虫害防治 水培朱蕉极少生病，可偶发蚧壳虫病害。发现虫害后可通过人工捕捉消灭虫害，并保持室内通风以预防病虫害，并随时观察有无虫卵，避免复发。

六、鹅掌柴如何水培与养护

鹅掌柴，别名称鸭脚木、小叶伞树、矮伞树。五加科鹅掌柴属。鹅掌柴的掌状复叶，老叶深绿，分层重叠，如鹅掌，如托盘，形态奇特，别具景致。为常绿乔木或灌木。高约 15m，以 3～5m 为多见。树冠圆整，掌状复叶，互生；小叶柳 5～9 枚或 6～10 枚，柄短，长椭圆形，端尖，浓绿色或散布深浅不一的黄色斑纹。伞形花序，结成大圆锥形花丛。小花白色，芳香。花期 11～12 月。浆果，球形。

1. 水培方法

（1）因鹅掌柴植株叶片掌状、较大，宜选用稳定性较好的圆形、方形玻璃容器。

（2）将土栽植株脱盆、去土，用清水冲洗干净根部，并剪除部分根须，然后将根系穿过枯落物盘浸入装自来水的容器中，加入少量多菌灵水溶液防腐消毒，诱导水生根系生长。上部用陶粒或石砾固定植株。

（3）长出水生根系后，适当添加稀释后营养液。夏季4～5天加水一次，冬季10～20天加清水一次，约20～30天换一次营养液，pH值5.5。营养液的水位应以浸没根系1/3～1/2为佳。如图4-7所示为水培鹅掌柴。

图4-7　水培鹅掌柴

2. 养护指南

（1）光照　鹅掌柴适应光照的能力强，在全日照、半日照或半阴环境下均能生长。但光照的强弱会影响叶片的色泽，光强时叶色趋浅，半阴时叶色浓绿。

（2）温度　鹅掌柴适宜在温暖、湿润、半阴的环境中生存。生长适温为15～30℃，冬季最低温度不应低于5℃，空气相对湿度在50%～70%，空气相对湿度过低时，下部叶片出现黄化、脱落，而上部叶片无光泽。

（3）修剪　鹅掌柴生长较慢，容易萌发枝杈，徒长枝，还是需要好好修剪的。

（4）病虫害防治　病害较少，虫害主要有红蜘蛛、蚧壳虫。

 【知识链接】

鹅掌柴的环保功效

大型盆栽的鹅掌柴，适合场地大的场所，宾馆大厅或图书馆的阅览室都适合摆放。水培鹅掌柴盆栽可以装饰客室、书房和卧室，美化环境，是吸烟家庭的福音，尤其是有孩子的家庭。叶片可以从烟雾弥漫的空气中吸收尼古丁和其他有害物质，转换为无害的植物自有的物质。另外，它每小时能把甲醛浓度降低大约 9mg。

七、铜钱草如何水培与养护

铜钱草，别名对座草、金钱草；湖南称金花菜、铺地莲，湖北称为路边黄，四川称为一串钱，北京、广州也叫做四川大金钱草，云南称为真金草，贵州称为走游草，浙江、江西也叫做临时救，在陕西则有别称叫做寸骨七。铜钱草为多年生匍匐草本植物。

铜钱草常蜷缩成团状，茎细长，节处生根，每一节可长成一枚叶子，并可一直延伸；长柄，缘波状，色草绿；叶呈圆形或似肾形，背面密被贴生丁字形毛，全缘，叶面油亮翠绿，因形似圆币，故又称圆币草、香菇钱；夏秋可开黄绿小花。

1. 水培方法

（1）直接脱盆洗根或分株后用清水培，前期要勤换水，待根系洁白美观后，可减少换水次数。水培一定要每周换次水并加上观叶植物专用营养液。

（2）植株低矮但株形丰满，用玻璃碗、碟、盘等器皿水培效果较好。如图 4-8 为水培铜钱草。

图 4-8　水培铜钱草

2. 养护指南

（1）温度与光照　铜钱草的适宜生长温度为 10～25℃，安全越冬的温度为 5℃以上可。铜钱草的正常生长需要每日接受 4～6h 散射光照射，如光照不足可使用专用荧光灯，每天照射 8～10h。

（2）换水　铜钱草不用换水，只需蒸发之后再加入足量的水。

（3）施肥　铜钱草需少量施肥，速效肥花宝二号或缓效肥魔肥均可。

（4）病虫害防治　铜钱草既不容易患病，也不易受虫害侵扰，很适合新手养护。

【知识链接】

如何让铜钱草安全越冬

铜钱草惧冷，到寒冷的冬季时，倒掉容器中全部水，并放在朝南向阳背风处，即可安全越冬。但是，会出现部分叶片会枯死的现象，只要保持根系湿润，不会受到损伤，来年春季即可重新发芽。对没暖气的北方地区，可以做个罩子连盆罩起来，把水倒掉，保持湿润，只要室温不低于零下，来年同样会继续生长。

八、合果芋如何水培与养护

合果芋，别名为箭叶。合果芋为天南星科多年生常绿草本植物。绿金合果芋的叶片为嫩绿色，中央具黄白色斑纹，节间较长，茎节有气生根。

1. 水培方法

（1）方法一　选取健壮的成熟植株枝蔓 3～7 枝，去除基部 1～2 节上的叶片后，直接插入清水中。因为其节上有气生根，所以极易成活。

（2）方法二　选取株形较好的土养合果芋植株，洗根后定植于容器中，加水至根系的 1/3～1/2 处，约 7 天就能看到水生根。如图 4-9 所示为水培合果芋。

图 4-9　水培合果芋

2. 养护指南

（1）温度与光照　适合合果芋生长的温度为 20～28℃，冬季越冬温度不宜低于 10℃。合果芋喜明亮散射光，但也能适应各种光照环境，在强光处茎叶呈淡紫色，叶片较大，色浅，在弱光处叶片则较小，色暗。

水培花卉

（2）换水　水培合果芋在初期约 3～4 天换一次水，等长出水生根后 20～30 天换一次水。

（3）施肥　合果芋不喜肥，换水时加入营养液，即使 1～2 年不施加营养液也能正常生长，但叶片会变小、变薄。

（4）病虫害防治　水培合果芋很少生病，会偶尔出现蚧壳虫、粉虱等虫害。当发生虫害时，人工捕捉最好，去掉叶片上的虫卵，并随时观察有无复发迹象。

九、袖珍椰子如何水培与养护

袖珍椰子，别名称矮生椰子、玲珑椰子、好运棕、袖珍葵、矮棕。棕榈科伶椰棕属（或称袖珍椰子属）。袖珍椰子性耐阴，故十分适宜作室内中小型盆栽，装饰客厅、书房、会议室、宾馆服务台等室内环境，可使室内增添热带风光的气氛和韵味。置于房间拐角处或置于茶几上均可为室内增添生意盎然的气息，使室内呈现迷人的热带风光。

袖珍椰子植株小巧玲珑，株形披散飘逸。为常绿矮小灌木，单干，高 1～2m。盆栽的株更矮小。羽状全裂，羽叶 20～30 对，平展，深绿色，富有光泽，形似竹叶。肉穗花序有分枝，生于叶丛下。花单性，细小，黄色。

1. 水培方法

（1）洗净袖珍椰子根系泥土，植入种植杯内，拥塞陶粒、岩棉等基质。或者直接将根系 1/2 浸泡在滴加多菌灵的自来水中，大约 25 天萌发新根。

（2）选用观叶植物营养液，pH5.8～6.5，15 天更换一次营养液。如图 4-10 所示为水培袖珍椰子。

图 4-10　水培袖珍椰子

2. 养护指南

（1）温度与光照　适合袖珍椰子生长的温度为 20～30℃，当气温降至 13℃时则进入休眠状态，安全越冬温度为 5℃以上。袖珍椰子耐阴性强，忌阳光直射。

（2）换水　水培袖珍椰子在初期 2～3 天换一次水，长出水生根后 10～15 天换一次水即可。

（3）施肥　袖珍椰子换水时加入观叶植物营养液。空气干燥时，应常向叶面喷水，以保持生长和叶面深绿并有光泽。

（4）病虫害防治　袖珍椰子在高温、高湿环境下容易发生褐斑病，这时除了剪去病变植株外，还应及时改善通风环境。偶尔可见蚧壳虫病，以人工捕捉方法消除。

 【知识链接】

如何保持袖珍椰子的观赏性

袖珍椰子在养护时，要随时剪除枯叶和断叶，以保持植株的观赏性。但是当植株长高时，下部就会出现叶片较少的情况，影响观赏性。此时，在大植株旁边再种植 1～2 株小植株，这样不仅可以弥补下部叶片缺失带来的空缺感，还可以增加层次美感。

十、彩叶草如何水培与养护

彩叶草，别名锦紫苏、五彩苏、洋紫苏、鞘蕊花。归唇形科鞘蕊花属。彩叶草为宿根性多年生常绿草本。常作一二年生栽培。株高 30～90cm，全株披柔毛。茎方形，分枝少。叶对生，卵菱形、端尖，缘具齿；叶面颜色有黄、绿、红、紫等色，多色镶嵌成美丽图案，故名"彩叶草"。圆锥花序，小花唇形，淡蓝色、淡紫色或乳白色。花期为夏、秋季。彩叶草叶片色彩斑斓、娇艳多变。小花唇形，淡蓝紫或带白，观叶观花均宜。

1. 水培方法

（1）扦插容器可以是广口瓶，也可用矿泉水瓶剪掉上部，取下部注满清水备用。容器务必要干净，用水也一定要水质清洁。

（2）当主枝或经过摘心的侧枝长有 4 个节或长 10cm 左右时，挑选茎秆粗壮者，基部仅留 1～2 节的对生叶片，将上部剪下，剪口要平滑，没有挤压撕裂的伤口。然后，将枝条最下部的一对叶片剪掉，并且每 3～5 个插穗集中，整齐基部，用白线捆束在一起水插。

（3）一般以枝条自瓶口入水 3～4cm 最好。此后，置之于散射光处摆放，注意每 2～3 天换一次清水，并注意每天补足瓶内因蒸发而下降的水位。一般在 18～25℃条件下，7～10 天就可见生有白根了。

（4）生根后可加入观叶型营养液，浓度为标准浓度的 1/3，每隔 5～7 天逐步增加营养液浓度至标准浓度。如图 4-11 所示为水培彩叶草。

2. 养护指南

（1）温度与光照　适合彩叶草生长的温度为 15～25℃，安全越冬温度为 10℃，如果低于 5℃则会发生冻害。彩叶草喜欢充足的阳光，夏季高温时只需稍加遮阴即可，充足的阳光可以让叶片的颜色更鲜艳。

图 4-11　水培彩叶草

　　（2）换水　彩叶草生根前每 2～3 天换一次水，生根后 7～10 天换一次水，并注意补充因蒸发流失的水分。

　　（3）施肥　换水时加入营养液，空气干燥时应经常向植株喷水，以保持空气和植株的湿润。

　　（4）病虫害防治　水培彩叶草容易受到蚧壳虫、红蜘蛛、白粉虱（图 4-12）等害虫侵扰，在养护过程中需经常观察植株有没有受到虫害侵袭，并及时进行人工捕杀。

图 4-12　白粉虱虫害

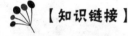【知识链接】

如何保持彩叶草的株形优美

　　在彩叶草的幼苗时期，可根据自己想要的株形开始摘心。如果想要丛生而丰富的圆柱形，则需要对幼苗的主干摘心；如果想要挺拔向上的圆锥形，则不需要对主干摘心，而是对侧枝进行多次摘心；如果不需要播种繁殖，则应及时摘去花序，以免影响植株的观赏性。

十一、常春藤如何水培与养护

常春藤，别名长春藤、三角藤。归五加科常春藤属，为垂直绿化的理想材料。

常春藤为多年生常绿蔓性藤本。藤蔓长可达 30m，一般也有 5m 以上，具攀缘气生根。叶形、叶色视品种而异，有椭网形叶堂状三裂叶、掌状五裂叶等。叶有绿色、黄白色及嵌有斑纹等。伞形花序，花淡黄白色或淡绿白色，有芳香。花期 8～9 月。同属植物约 15 种，常见的有中华常春藤、加那利常春藤和银叶常春藤等。常春藤枝叶披垂，姿态飘逸潇洒。叶形、叶色多变，花香，果红。攀缘力强，为优良的垂直绿化及平顶遮阴植物。

1. 水培方法

（1）因常春藤枝蔓细长，宜选用高形玻璃容器。

（2）将土栽常春藤植株脱盆，去土，洗干净根系，直接将根系浸入自来水的容器中，并加少量多菌灵水溶液防腐消毒，诱导水生根系生长。

（3）常春藤水生根系长出后，可适当添加稀释后营养液。常春藤夏天 4～5 天加水一次，冬季 10～20 天加清水一次，20～30 天更新一次营养液，pH5.5。

（4）营养液开始液位不可过高，浸没根系 1/3～1/2 即可。如图 4-13 所示为水培常春藤。

图 4-13　水培常春藤

2. 养护指南

（1）温度与光照　适合常春藤生长的温度为 18～30℃，安全越冬温度在 10℃以上，但其能耐受短时低温。常春藤耐阴，也喜充足的散射光，忌阳光直射。

（2）换水　水培常春藤初期 2～3 天换一次水，长出水生根后 7～15 天换一次水即可。

（3）施肥　水培常春藤换水时加入观叶植物营养液。天气炎热时应经常向叶面喷洒清水，以保持叶面清洁和空气湿润。

（4）病虫害防治　水培常春藤不易生病，但会偶发叶斑病、蚧壳虫病、红蜘蛛病。叶斑病发现后应及时清除病变叶片，并烧毁，以避免疾病蔓延；蚧壳虫病、红蜘蛛病以人工捕捉为主，并观察有无虫卵附着，避免复发。

十二、海芋如何水培与养护

海芋，别名野芋、天芋、天荷、观音莲、羞天草、隔河仙、观音芋、广东狼毒。海芋为多年生常绿草本。茎粗大，褐色，内多黏液，叶片长约 30cm，呈盾形，叶柄长，佛焰苞，长 10～20cm，淡绿色至乳白色，下部绿色有光泽。

1. 水培方法

（1）方法一　土培海芋基部有蘖芽，将蘖芽挖出，保护好根系，用 0.1% 的高锰酸钾溶液消毒 10min，清水冲洗后定植在透明容器中，注入清水至根系 2/3 处。

（2）方法二　将土培海芋整株挖出，作为水培材料。剪去老根，用洗根法冲洗海芋根系，定植于透明容器中，注入清水至根系 2/3 处，使部分根系露在水面上。2～3 天换 1 次清水，1 周左右可长出水培根。如图 4-14 所示为水培海芋。

图 4-14　水培海芋

2. 养护指南

（1）温度与光照　适合海芋生长的温度为 25～30℃，安全越冬温度为 5℃以上。海芋喜半阴环境，需要较高的空气湿度，夏季忌阳光直射，冬季需放置在向阳处。

（2）施肥　水培海芋定植后，2～3 天换 1 次清水，长出新根后，改用观叶植物营养液培养，每月更换营养液 1 次。更换营养液时，用清水冲洗块茎和根系上的黏液，并摘除烂根。海芋喜空气湿度大。空气干燥，又在高温季节，需经常向叶面喷水，以增大空气湿度。

（3）换水　水培海芋生长初期 2～3 天换一次水，长出水生根后可 15 天左右换一次水。每次换水时用清水将块茎和根系上的黏液冲洗掉，并去除烂根。

（4）病虫害防治　海芋块茎受病害侵袭易软化、腐烂，产生恶臭，使水质浑浊，应每天换清水，并割除腐烂部分，还要停止营养液的使用，改用清水培养，待完全恢复后，再用营养液培养。

海芋"有毒"需谨慎

海芋茎部和叶片内的汁液有毒，含草酸钙、氢氰酸及生物碱。皮肤不小心接触就会引致痕痒、麻木及发疹，误食会引致舌头麻木、肿大及中枢神经中毒。注意千万不可误食或碰到眼中，否则，会肿、痛、麻，严重时可能有生命危险。因此，在养植海芋时，一定要小心谨慎，将其放置在安全位置，避免误食或皮肤接触。

十三、苏铁如何水培与养护

苏铁，别名称铁树、凤尾松、铁甲松、辟火蕉、凤尾蕉，苏铁科苏铁属。花期为5～8月，花色淡红色，生长20～30年的植株才会开花，我国南北地区均有栽培。

苏铁四季常青，其树形端庄、古朴，为由孢子繁殖进化演变为种子繁殖的一种古老而珍贵的观叶植物。

1. 水培方法

（1）方法一　春、秋季，选取生长健壮的土培苏铁幼苗，挖出全株，去挣根部泥土，剪去枯叶、烂根，在0.1%的高锰酸钾溶液中浸10min消毒，水冲洗根系后，定植于透明容器中，注入清水至根系2/3处。每2天换水1次，3～4周长出新根。

（2）方法二　在苏铁生长期，切割土培苏铁根颈部的蘖芽，选取有4～5片叶及已长出根的蘖芽，待切口稍干后，定植于透明容器中，注入清水至根系2/3处。每2天换水1次，不久即可长出新根。如图4-15所示为水培苏铁。

图4-15　水培苏铁

2. 养护指南

（1）光照　春季新叶展现时，需置于阳光下，不能遮蔽，否则叶变小、细长，失去观赏性。若能在生长期有充足光照并经常给叶面喷施0.1％的硫酸亚铁稀溶液，可使叶色更加浓绿光亮。空气干燥时还要常向叶面喷水，以增大湿度和清除叶面灰尘，保持叶色清新亮丽。新叶成熟后剪去老叶，移至散射光明亮处养护，需通风良好。

（2）温度　春、夏生长旺盛期，需向叶面喷雾，保持叶面翠绿。冬季室温在0～5℃可以安全越冬，0℃以下会受冻害。

（3）施肥　长出具有观赏性的粗壮白色肉质水培根后，用观叶植物营养液培养，每2周更换营养液1次，并移至光线充足处培养。换水时加入营养液，在生长期可经常向叶面喷施0.1％硫酸亚铁溶液，以使叶色翠绿。

（4）病虫害防治　水培苏铁不易生病，但在高温、高湿环境下，容易发生蚧壳虫病、白斑病。蚧壳虫病发现时可用人工捕捉方法去除，并随时观察有无复发；白斑病发现时：剪除受病枝条，并严格控制环境温度，避免病情复发。

【知识链接】

怎样为铁树塑形

苏铁四季常青，树形古雅，主干粗壮，十分坚硬，羽叶洁滑光亮，为珍贵观赏树种。铁树每年都会长出新叶，待其长成后，需要将基部的老叶、枯叶剪除一轮，使树型更美观。若植株尚小，不足以修剪成理想形态，可将叶片全部剪掉，避免影响新叶长出的角度，会使植株更完美。修剪时，剪至叶柄基部，使茎干整齐美观。如果想提高观赏价值，可用铁丝或塑料绳将新叶排扎成各种喜欢的造型。

十四、橡皮树如何水培与养护

橡皮树，别名称印度橡皮树、印度橡胶榕、橡皮树、缅树，桑科榕属。华南地区中南部及云南西双版纳栽培较多，华南北部至华北广大地区只宜盆栽。

橡皮树叶片厚实，椭圆形，端尖，宽大如掌，有光泽，四季常绿，是世界著名观叶树种。原产地树可长至30多米，主干粗壮，多气生根，小枝光滑，全身含乳汁。幼芽红色，有苞片，嫩叶暗红色，老叶深绿色。

1. 水培方法

（1）水培橡皮树宜选用株形较好的小型土养植株，通过洗根法将其转化为水培。将植株洗净后定植于容器中，加水至根系的1/3～1/2处。橡皮树植株较大宜选用带种植杯的玻璃容器。

（2）选取株形较好的小型土培植株的老根，洗根、水培，因为老根不易腐烂，能较快适应水培环境。或者选用5～9月生长健壮的枝梢，去除基部叶片并晾干切口后直接水插养殖。因树冠较重，需要在容器中加入陶粒来固定植株，利于生根。如图4-16所示为水培橡皮树。

图 4-16　水培橡皮树

2. 养护指南

（1）温度与光照　适合橡皮树生长的温度为 22～32℃，安全越冬温度为 8℃以上。橡皮树喜充足散射光，光照充足则生长健壮、叶片宽厚明亮，光线差则枝条细弱。夏季需防阳光直射。

（2）换水　水培橡皮树初期 2～3 天换一次水，长出水生根后，可 10～15 天换一次水。当植株完全适应水培环境时移至光线充足处，加入观叶植物营养液进行养护，每两周换一次营养液。

十五、白纹草如何水培与养护

白纹草，别名绿竹、白纹兰。为宿根观叶植物，耐旱性稍强，适于小型盆栽供观赏。白纹草与银边吊兰极相似，但没有走茎。叶片细致柔软，绿色叶片上具有白色条斑。

1. 水培方法

（1）水培白纹草可用洗根法将土养白纹草洗净后，剪除过密的块根，放入 0.05％～0.1％的高锰酸钾溶液中浸泡 10min，再次冲洗干净后定植于透明不透水容器，用发泡炼石或贝壳砂、彩色石头等当介质固定根部，再加水约至植株根部的 1/2、不要淹过整个根部，以免根系腐烂。

（2）冬季温度低时易黄叶脱落，可降低水位，并将黄叶剪掉，将其置于室内窗台光亮处等到春天气温回暖时，会再萌生出许多新叶及新芽。如图 4-17 所示为水培白纹草。

2. 养护指南

（1）温度与光照　适合白纹草生长的温度为 22～28℃，如果温度低于 15℃以下则会进入休眠状态，叶片也逐渐发黄枯萎。白纹草喜充足散射光，夏季忌强烈阳光直射。

（2）换水　白纹草水培初期容易烂根，需要每天换水并摘除烂根，当根系适应水生环境不再腐烂时，2～3 天换一次水，长出水生根后 10～15 天换一次水即可。

图 4-17　水培白纹草

（3）施肥　换水时加入营养液，当白纹草的生长比较迅速时，应增加营养液，以提供生长所需的营养。夏季天气炎热时，可经常向叶面喷水，以保持空气湿润和叶面清洁。

（4）病虫害防治　白纹草耐旱也耐湿，水培几乎不会发生病虫害，是标准的懒人植物。但是冬季天气寒冷时可发生冻害，室内温度需保持在 15℃ 以上。如已经发生冻害，可将枯萎叶片剪去，并将植株置于温暖处即可。

 【知识链接】

怎样区分白纹草和吊兰

　　白纹草和吊兰因其颜色和植株的形态非常相似，所以白纹草经常被误认为是吊兰。不过如果注意观察还是可以区分出两者的不同的。白纹草的叶片虽然与吊兰相似，但是吊兰会从根部长出走茎，走茎上还会有小植株生长，而白纹草就不具备这一特性。而白纹草肥大的块根是吊兰所没有的，这也是区分两者最好的标志。

十六、金钱树如何水培与养护

　　雪铁芋又名为金钱树。是多年生常绿草本植物，是极为少见的带地下块茎的观叶植物。雪铁芋是室内观叶植物，有净化室内空气之用。

1. 水培方法

（1）将大的金钱树植株脱盆，取土，用清水洗净根部，从块茎的结合薄弱处掰开，并在创口上涂抹硫黄粉或草木灰，晾干，以岩棉、陶粒锚定植株，定植于瓶中，加水至根系 2/3 处，空气相对湿度为 70% 左右，10 天后可生根。

（2）选用适合的盆具，大约为植株高的 1/3。

（3）选用观叶植物营养液配方，7～15 天更换一次。如图 4-18 所示为水培金钱树。

图 4-18　水培金钱树

2. 养护指南

（1）温度与光照　金钱树生长的适宜温度为 20～30℃，15℃ 以下其会停止生长，10℃ 以下会发生冻害。金钱树又有"耐阴王"之称，在光线阴暗处也能较好生长。如夏季阳光过于强烈则忌直射。

（2）换水　金钱树生长初期 2～3 天换一次水，长出水生根后，20～30 天换一次水即可。

（3）施肥　水培金钱树换水时加入营养液，在空气干燥时经常向叶面喷水，或者用干净的湿布擦拭叶片，以增加湿度及保持叶面颜色。

（4）病虫害防治　水培金钱树不易生病，可偶发蚧壳虫病，这时可用温布抹去虫体，并随时观察有无复发。

【知识链接】

金钱树如何安全越冬

冬季气温低于 5℃ 会致使植株倒伏，严重时还会引起块茎腐烂，所以越冬期间应保持室内温度不低于 10℃。如果温度得不到保证，则可以在夜间用双层塑料袋套住植株，第二天温度回升时解去，以保证植株安全越冬。

十七、富贵竹如何水培与养护

富贵竹，别名竹蕉，为多年生常绿草本植物，主要作盆栽观赏植物，观赏价值高，并象征着"大吉大利"，名字也是因此而出的。

1. 水培方法

（1）方法一　在富贵竹植株生长期剪取一段长 15～20cm 的茎节，插于盛有清水的透明容器中，摘除基部叶片。每 3～4 天换清水 1 次，在 10 天内不要移动位置或改变方向，经 15 天左右，在老根上可长出新根。水培新根乳白色，老根红褐色，相映成趣。

（2）方法二　选取已成形的土培富贵竹，挖出全株进行洗根，定植于透明容器中，能很快适应水培环境，长出水培根。如图 4-19 所示为水培富贵竹。

图 4-19　水培富贵竹

2. 养护指南

（1）温度与光照　适合富贵竹生长的温度为 22～28℃，夏季是其生长的最佳时机，冬季在 2～3℃下也可存活，但需防止霜冻。富贵竹对光照的要求不高，其在明亮的散射光下生长最佳，如阳光过强会引起叶片变黄、褪绿等。

（2）施肥　为了防止富贵竹徒长，最好不要施肥，每隔 3 周向瓶中加入少量营养液，或者将阿司匹林片或维生素 C 片碾成粉末后溶于 500g 水中，加水时滴入几滴即可。

（3）换水　富贵竹生根后不宜换水，只需要在水分蒸发后加水即可。加自来水时宜先将自来水用容器存储一天，使水温更接近室温再使用。为防止水培富贵竹徒长，最好每隔 3 周左右向容器内滴入几滴白酒，另加少量营养液，即能使叶片保持翠绿。空气干燥时，向叶面喷雾。盛夏生长旺盛时要避免强光直射，同时增加喷雾次数，可避免叶尖枯焦。

（4）病虫害防治　富贵竹最常见的是炭疽病和叶斑病。炭疽病开始时多发在叶尖或叶片上，初期呈暗绿色不规则病斑，并逐渐扩散到整个叶面；中期呈半圆形，或不定形，分界清晰；后期病斑外缘呈黄色晕圈，如没有及时控制，会蔓延至整株，严重影响外观；叶斑病初期叶片呈褐色斑点，边缘为黄色，病情蔓延后斑点近似圆形，内灰外褐。如果环境潮湿叶片上还会出现黑色粒状物。

炭疽病和叶斑病都应以预防为主。随时观察植株上有无蜘蛛、天牛（图 4-20）、叶螨、蚧壳虫等，疾病大多由此类昆虫传播，一旦发现应立即人工捕捉、杀灭。如果已经感染病菌，应马上剪除病叶和枯叶，并改善植株的通风状况，避免交叉感染。

图 4-20 天牛

【知识链接】

富贵竹怎样塑形

富贵竹的茎干可塑性极强，可以将其弯曲成各种有趣的形状，我们经常见到的盘旋状、网纹状及宝塔状都是自家摆放和送礼的佳品。宝塔状的做法是将富贵竹的茎截成长短不一的段状，然后用红丝绳捆扎成大小不一的圆盘状，仿照宝塔底大顶小的形状重叠而成。宝塔的每一层都会长出新叶，而宝塔的寓意吉祥，所以又被称为开运竹。

十八、络石如何水培与养护

络石，又称耐冬、石龙藤、白花藤，是常绿藤本植物，长有气生根，是攀缘性植物（图4-21）。可以水培养护。

1. 水培方法

（1）方法一　截取带有气生根的络石健壮枝条，直接插入透明容器中，加清水浸没 1/3 的根系，10 天后长出水培根。

（2）方法二　选取健壮成形的土培络石，挖出全株，洗根后定植于透明容器中，加清水浸没 2/3 的根系。

（3）方法三　从土培络石的根颈部周围挖掘已长根的子蔓，经洗根法后定植于透明容器中，加清水浸没 2/3 的根系。

以上 3 种方法，每 2～5 天换清水 1 次。因具有通气组织，极易适应水培环境，不久即可长出水培根。

水培花卉

图 4-21　络石藤

2. 养护指南

长出水培根后，用综合营养液培养，1～2 个月更换营养液 1 次，并将其放置在散射光明亮处。夏季强光直射下要遮阳，空气干燥时，向叶面喷雾。

冬季放置在室内向阳处。因其较耐寒，一般情况下在室内能安全越冬。平时对老枝、过长枝进行适当修剪，可促发新枝，增加花量。

十九、春羽如何水培与养护

春羽，别名羽裂蔓绿绒、羽裂喜林芋、春芋。归天南星科喜林芋属，为多年生常绿草本。

春羽是簇生型，茎粗短，茎节上可生气根。叶片广心形，稍呈羽状裂或深裂，具长柄，簇生于茎顶。幼株叶片广心形，缘波浪状，但不呈羽状深裂。生长缓慢，一般三年生植株叶片开始深裂。成熟植株于 6～8 月可生佛焰花苞，其观赏性较低，以观叶为主。叶片大，阔心形，稍呈羽状裂或深裂，叶面无孔洞，此与龟背竹有别；其与羽裂喜林芋的区别是茎短，叶丛状生于茎顶。

1. 水培方法

（1）方法一　取土培春羽基部萌生的蘖芽，保护好不定根，用清水冲洗后定植于透明玻璃容器中，注入清水至根系 2/3 处。每 2～5 天换水 1 次，1 周左右可长出白嫩的水培根。

（2）方法二　选取株形较小的土培春羽，整株挖出，剪除黄叶和烂根，用 0.1% 的高锰酸钾液消毒 10min，保护好气生根和原土培根，用清水冲洗后定植于透明容器中，注入清水至根系 2/3 处。每 2～3 天换水 1 次。由于气生根的存在，故能很快适应水培条件。1 周左右可长出水培根。如图 4-22 所示为水培春羽。

图 4-22　水培春羽

2. 养护指南

（1）温度与光照　春羽的适宜生长温度为 18～30℃，安全越冬温度需保持在 10℃以上。气温高于 30℃时需要通风降温，并增加喷水次数。春羽喜充足散射光，忌阳光直射。

（2）施肥　换水时加入营养液。为了保持叶面颜色，可每 10 天向叶面喷洒 0.1% 磷酸二氢钾稀释液。夏季天气炎热时，应经常向叶面喷洒清水，以保持空气湿润，同时清洁叶面。

（3）换水　初期 2～3 天换一次水，长出水生根后 15 天左右换一次水即可。

（4）病虫害防治　水培春羽病虫害较少，比较常见的有叶斑病和蚧壳虫病。叶斑病发生叶斑病时，可将害病叶片剪除，如叶片已被完全感染，可将叶片连柄一同剪除；如整株感染，则应从基部完整切除植株上部，保留基部以清水培护，老根可发出新叶；蚧壳虫病以人工捕捉为主，并随时观察有无虫卵，避免复发。

【知识链接】

春羽发生烂根情况怎么办

春羽的根如果大部分浸泡在水中，就很容易出现烂根，此时如果根上部没有完全腐烂，可剪掉腐烂的根部，再重新定植于定植篮中。注意，只需要淹没根部的 1/2 即可，并将多余的叶片剪去，只保留上部的 2 片，将叶片剪为半叶，以减少水分的蒸腾。

二十、龟背竹如何水培与养护

龟背竹，别名龟背芋、蓬莱蕉、电线兰。归天南星科龟背竹属。龟背竹为多年生常绿半攀缘至攀缘性草本，茎粗壮，具气生根，伸长后呈蔓性，能附生他物成长。幼叶心形，无孔洞；成叶心形至斜歪长卵形，大型，全缘或羽状深裂，主侧脉间有大小不等的近椭圆形孔洞，酷似龟背的纹饰，故名"龟背芋""龟背竹"。成株如开花见于夏季，为佛焰苞肉穗花序，花后可结浆果。同属不同种或品种达20余种。

1. 水培方法

（1）方法一　生长期间选取株形较小的土培龟背竹，挖出全株，除净泥土，保留气生根，剪除枯叶、烂根。用水冲洗根系后将气生根一并定植于透明容器中，注入清水至根系2/3处，放置在半阴处。每3～4天换水1次，老根水培时易腐烂，换水时应及时清除，再用0.1%的高锰酸钾溶液消毒10min，1周后可长出水培根。水培根雪白、粗壮，具观赏性。

（2）方法二　春、秋季节，截取土培龟背竹枝条10～20cm，保留气生根，摘除基部叶片，直接插于水中培养。如图4-23所示为水培龟背竹。

图4-23　水培龟背竹

2. 养护指南

（1）温度与光照　适合龟背竹生长的温度为20～25℃，35℃以上、10℃以下其会停止生长，5℃以下易发生冻害。龟背竹喜明亮散射光，盛夏要遮阳，避免阳光直射，以免叶片出现枯焦，还要增加喷雾次数。长出水培根后移至散射光明亮处，在散射光明亮处培养时间越长，叶片生长越大，裂口越多，观赏性越强。

（2）施肥　用观叶植物营养液培养。龟背竹喜肥，为促发新叶，一般每5～10天更换营养液1次。空气干燥时，经常向叶面喷水，以保持叶面清洁及空气湿润。

（3）换水　初期2～3天换一次水，并及时清除腐烂的根系，当水生根长至3～5cm长时7～10天换一次水即可。

（4）病虫害防治　龟背竹易发褐斑病、蚧壳虫病。褐斑病发病时可剪去染病叶片，防止疾病蔓延；发生蚧壳虫病时，应以人工捕捉为主，并随时观察有无复发迹象。

龟背竹在净化空气方面有哪些优点

　　龟背竹能有效清除空气中的甲醛，适合在刚装修过的房间养植。在夜晚，龟背竹能吸收空气中的二氧化碳，从而改善空气质量，提高室内的氧含量，对人的健康有好处。

二十一、凤尾竹如何水培与养护

　　凤尾竹，为孝顺竹的变种，为多年生木质化植物，地栽、盆栽均可。凤尾竹植株丛生，叶细纤柔，弯曲下垂，宛如凤尾。小型丛生竹，叶色浓密成球状，粗生易长，年产竹可达100支。此竹由于富有灵气而被命名为"观音竹"。

1. 水培方法

　　（1）方法一　在生长期，剪取一段长15～25cm的枝条，用0.1%的高锰酸钾溶液消毒10min后，插于盛有清水的透明容器中，摘除基部叶片。每3～4天换清水1次，通常不要随便移动位置或改变方向，经15天左右，在老根上可长出新根。水培新根乳白色，老根红褐色，相映成趣。

　　（2）方法二　选取株形较好、长势较旺的土培小植株，洗去泥土和剪除烂根后定植于水培容器中。加入清水至1/3～1/2根系处。如图4-24所示为水培凤尾竹。

图4-24　水培凤尾竹

水培花卉

2. 养护指南

　　（1）温度和光照　夏季不可强光直射，冬季需要放置在温暖且光照较强之处。室温需在5℃以上，时常向四周喷水，以保持较高的空气湿度和枝叶的清洁。

（2）换水　开始每2～3天换1次清水，及时清除烂根，约2周后根系基本适应水培环境并长出水生根，此后可隔5～6天换1次清水。

（3）施肥　当植株的生长势较强时，改用营养液培养，水位宜浅不宜深。夏季10天左右补充1次营养液，当发现营养液中出现较多的沉淀物时则需更换新的营养液，通常1～2个月更新1次。

二十二、喜林芋如何水培与养护

喜林芋，又名长心形绿蔓绒。为天南星科喜林芋属。常绿攀缘植物。茎粗壮，茎节上长有气生根。

"绿帝王"喜林芋，其株形、叶形与红苞喜林芋基本相同，但其叶片、茎、叶柄、嫩梢与叶鞘均为绿色（图4-25）；"红帝王"喜林芋，别名红宝石，叶柄、叶背和幼叶常为暗红色。

图4-25　喜林芋叶片

1. 水培方法

（1）一般选择选塑料盆、瓷盆、工艺玻璃盆等能承载植株的容器，再配以定植杯和防枯落物盖板（泡沫塑料也可）。

（2）在春季3月份上盆，并用陶粒、水苔等固定植株。

（3）选用观叶植物营养液。营养液水位达根系1/2～2/3处。每15～20天更换一次营养液。蒸腾快的季节还应添加水分，以免营养盐积累。

2. 养护指南

（1）温度与光照　喜林芋的最适生长温度20～30℃，10℃以上即可安全越冬。绿帝王喜林芋适宜充足散射光的环境，如果将其摆放在阴暗处，应每隔2周左右将其在散射光充足的地方养护数日。阳光强烈适应注意遮光，忌阳光直射。

（2）换水　喜林芋初期应当2～3天换一次水，长出水生根后15～20天换一次水。

（3）施肥　在喜林芋换水时加入营养液，还需要经常向叶面喷水，保持叶面清洁光线合空气湿度。在喜林芋的生长期（4～9月），可加施叶面肥，以保持叶片肥大并富有光泽。

（4）病虫害防治　水培喜林芋很少受病害侵染，有时会出现叶斑病、蚧壳虫病。发现叶斑病后，及时清除感染叶片，避免病情蔓延，并继续观察有无复发；蚧壳虫，最好进行人工捕捉，并去除叶片上的虫卵。

【知识链接】

绿帝王喜林芋为何会叶片枯焦

　　绿帝王喜林芋喜散光，受到阳光直射便会出现叶片变黄并发生叶缘枯焦；喜湿润的绿帝王喜林芋遇到空气干燥时，也会出现叶片枯焦现象，比如空调房的空气就比较干燥，易发生叶片枯焦的现象；不耐寒的绿帝王喜林芋，当环境气温没有在合适的温度，低于安全越冬温度时，叶面会出现枯焦现象。

二十三、旱伞草如何水培与养护

　　旱伞草，又名风车草、伞草、水棕草、水竹，为莎草科莎草属，多年生草本植物。旱伞草株高约 60～100cm，地下部具短粗根状茎，茎直立丛生，枝棱形，无分枝，叶为鞘状，棕色，包裹茎秆基部。总苞片叶状，披针形，具平行脉，20 枚左右，伞形着生秆顶，花序穗状扁平形，多数聚集呈伞形花序，花白色或黄褐色，花期为 6～7 月份。同属植物约 380 种，中国产约 30 种，常见变种有银线伞莎草、矮伞莎草。

1. 水培方法

　　(1) 旱伞草植株比一般草花高大，故应选用口径大一些的较高容器。为防止倾倒，可在容器底部饰以卵石，降低重心。因旱伞草茎秆丛生，通常不需要定植杯和防落物板。必要时可在扦插初期用塑料泡沫等物简单挟裹扶直。也用一长方形不漏水的花盆，配置高低不同数丛伞花，留出水面，点缀几块顽石，可构成一幅自然的水景。

　　(2) 旱伞草可洗根后水栽，也可剪取健壮顶生茎。留茎 3cm，剪去伞状叶四周尖端，留直径 6～8cm 圆盘状，将茎插入水中，约 10 天可生根。

　　(3) 冬季休眠期和扦插初期可以稀一些。为防止营养液失水过多和养分积聚，45 天更新营养液一次。pH5.5～6.8，浸没根茎部。如图 4-26 所示为水培旱伞草。

图 4-26　水培旱伞草

水培花卉

2. 养护指南

（1）温度与光照　适合旱伞草生长的温度为 15～25℃，如温度低于 12℃ 则进入休眠期，室温保持在 5℃ 以上即可安全越冬。旱伞草适合在充足的散射光环境下生长，夏季阳光直射会引起叶端枯焦。

（2）换水　水培旱伞草生长初期 2～3 天换一次水，长出水生根后 7～10 天换一次水即可。但生长期生长旺盛，水分蒸发、流失较快，需要及时补充。

（3）施肥　旱伞草不好肥，春、夏、秋季换水时加入营养液，冬季生长缓慢，以清水培护即可。在空气干燥时直经常向叶面喷洒水，以保持叶面和空气的湿润。

（4）病虫害防治　旱伞草主要受到叶枯病及红蜘蛛病虫害威胁。感染叶枯病时剪去感染叶片，以防止蔓延。空气干燥、水分吸收不足、夏季阳光直射、温度低于 5℃ 时均会引起叶片枯黄，此时改善其环境，剪去枯叶即可；红蜘蛛病以人工捕杀为主。

 【知识链接】

光照对旱伞草有何影响

旱伞草适应光线的能力强，夏季光线明亮强烈，会让叶片呈墨绿色，对观赏效果有一定影响。将其移至半阴处，可以保持叶片的嫩绿，提高欣赏价值。

二十四、菜豆树如何水培与养护

菜豆树，又称苦苓舅、山菜豆、辣椒树、豇豆树、接骨凉伞、朝阳花、森木凉伞、牛尾木、蛇仔豆、鸡豆木、大朝阳、豆角木、牛尾豆、跌死猫树。紫葳科、菜豆树属。

菜豆树为小乔木，叶柄、叶轴、花序均无毛。小叶卵形至卵状披针形，顶端尾状渐尖，基部阔楔形，全缘，向上斜伸，两面均无毛（图 4-27）。

图 4-27　菜豆树叶片

1. 水培方法

（1）因菜豆树植株大型、叶片大型，较大宜选用稳定性较好的大型玻璃容器。

（2）将土栽植株脱盆、去土，洗干净根系，将部分须根剪除，然后将根系穿过种植盘浸入装水的容器中，并加少量多菌灵水溶液防腐消毒，诱导水生根系生长。上部用陶粒或石砾固定植株。

（3）水生根系长出后，可适当添加稀释后营养液。夏天4～5天加水一次，冬季10～20天加清水一次，20～30天更新一次营养液，pH5.5。

（4）营养液开始液位不可过高，浸没根系 1/3～1/2 即可。

2. 养护指南

（1）光照与温度　水培菜豆树适宜在室内光照充足处摆放。如长时间放于光线暗淡处，易造成落叶。越冬期间可让其多接受光照。生长适温为 20～30℃。

（2）病虫害防治　高温高湿、通风不好会让叶片易感染叶斑病；蚧壳虫害易发生在茎干及叶片上。水培菜豆树个别植株少量叶片上出现的病斑，可涂抹达克宁霜软膏。

 【知识链接】

菜豆树的保健功效

菜豆树的根、叶入药，具清热解毒、散瘀消肿功效。四季采根洗净、切片、晒干备用；秋前采叶，晒干或鲜用。外用治跌打骨伤，毒蛇咬伤，痈肿。15～50g煎汤，清洗；或用鲜品，捣烂敷患处。菜豆树对氮氧化物具有良好的抗性，对尘埃具有良好的吸附性能。具有吸收苯的作用，可有效减少室内空气中苯、二氧化碳、过氧化氮和汞、铅蒸气的含量。

二十五、吊竹梅如何水培与养护

吊竹梅，别名斑叶鸭跖草、水竹草、吊竹兰。归鸭跖草科吊竹梅属。吊竹梅为多年生常绿匍匐草本。地上茎细长，分枝，近肉质，蔓生，节处膨大生根。单叶互生，基部鞘状抱茎，长卵形，绿色，全缘；叶面具纵向紫红色和银白色条纹，叶背则呈紫红色。花紫红色，花期多夏季。枝叶青秀，四季常绿，轻枝柔蔓；花形奇特，形似蝴蝶，为优秀的悬垂观叶观花兼备的草本花卉之一。

1. 水培方法

（1）只要是无底孔容器均可选用，直径8～20cm玻璃瓶最佳。

（2）由于其常在茎节处长出根，可将长根的茎枝剪下，插入营养液中，数天后根尖即继续伸长成主根，或选择长势旺盛的枝条从茎节下端截取插穗浸入营养液中，3～5天后即能从茎节处反向长出新根，水培植株即已成活。

（3）可选用园试营养液标准浓度的1/4。30天更新营养液一次。pH6～7。营养液高度浸没根系。如图4-28所示为水培吊竹梅。

图 4-28　水培吊竹梅

2. 养护指南

（1）温度与光照　吊竹梅最适合的生长温度为 15～25℃，温度不低于 5℃，即可安全越冬。吊竹梅喜充足的散光，但不宜过阴，否则会使枝条徒长，忌夏季强光直射。

（2）换水　水培吊竹梅在生长初期每 2～3 天换一次水，长出水生根后 10～15 天换 1 次水即可。

（3）施肥　吊竹梅换水时加入营养液，但夏季是吊竹梅的生长旺季，植株生长迅速，所以要避免植株生长过快影响株形，换水时不需要再添加营养液。

（4）病虫害防治　枯叶病、灰霉病、蚧壳虫病是吊竹梅常见的病虫害。植株密集时，湿润的空气会导致枯叶病的发生。经常修剪植株，每年定时换盆，以防止枯叶病的发生；灰霉病：冬春温度较低、湿度较大时，如果吊竹梅外部有损伤就易发生灰霉病，生病部位会长出灰霉。应及时将感染枝条切除，如果整株感染则切除整株，等待春季萌发新芽即可成为新的植株；蚧壳虫病最适合人工捕捉，切除害病枝叶，并立即焚烧，以防继续蔓延。

二十六、八角金盘如何水培与养护

八角金盘，又名八角盘、八手、手树。五加科八角金盘属。八角金盘叶大，掌状，5～7 深裂花白色。花期 10～11 月。八角金盘高可达 5m。茎光滑无刺。叶柄长 10～30cm；叶片大、革质、近圆形，直径 12～30cm，掌状 7～9 深裂，裂片长椭圆状卵形，先端短渐尖，基部心形，边缘有疏离粗锯齿，上表面暗亮绿以，下面色较浅，有粒状突起，边缘有时呈金黄色；侧脉搏在两面隆起，网脉在下面稍显着。如图 4-29 所示为八角金盘叶片。

图 4-29　八角金盘叶片

1. 水培方法

（1）因八角金盘植株叶片大型，宜选用较矮的圆形、方形玻璃容器。

（2）将水培八角金盘土栽植株脱盆，去土，洗干净根系，将部分须根剪除、然后将根系浸入装自来水的容器中，并加少量多菌灵水溶液防腐消毒，诱导水生根系生长。

（3）八角金盘水生根系长出后，可适当添加稀释后营养液。夏天 4～5 天加水一次，冬季 10～20 天加清水一次，20～30 天更新一次营养液，pH5.5。营养液开始液位不可过高，浸没根系 1/3～1/2 即可。

2. 养护指南

（1）光照与温度　水培八角金盘可在没有直射光的室内栽植摆放。夏季气温超过 30℃时，要注意通风；冬季 10℃以上能正常生长；室温不可低于 5℃。

（2）浇水　水培八角金盘在夏季可经常向叶面喷雾，以减少植物体内水分蒸发，以提高空气湿度。

二十七、白鹤芋如何水培与养护

白鹤芋，多年生草本植物。叶基生，薄革质，有亮光，长椭圆形或长圆状披针形，两端渐尖，叶脉明显，叶柄长，基部呈鞘状。佛焰状花序生于叶腋，具长梗，花葶直立，高出叶丛，佛焰苞白色，卵形，肉穗花序圆柱状，白色，后转绿色。

1. 水培方法

（1）白鹤芋株形中等，生长健壮，定植杯以固体基质或海绵挟裹。

（2）多用洗根法栽培，选取健壮的土培植株，保证每株至少 3 片叶子，用清水洗净后，去除枯叶和烂根，于较深的透明容器中定植，加水至根系的 1/3～1/2 处，大约 10 天的时间就能看到水生根。如图 4-30 所示为水培白鹤芋。

（3）生长期间每 15 天更新一次营养液。

图 4-30　水培白鹤芋

水培花卉

2. 养护指南

（1）光照与温度　水培白鹤芋在夏季需遮阴60％～70％。若长时间得不到充足光照，就不易开花。温度控制在18～26℃，保持温度在15℃以上即可安全越冬，如低于10℃叶片就会脱落或发黄。

（2）浇水　白鹤芋叶片较大，对湿度较敏感。夏季高温和秋季干燥时多喷水，保证空气湿度在50％以上，有利于叶片生长。高温干燥时，叶片易卷曲，叶片变小、枯萎脱落，花期缩短。

（3）施肥　白鹤芋换水的同时加入营养液。若想保持叶色，应每10天向叶面喷洒0.1％磷酸二氢钾稀释液。炎热的夏季经常向叶面喷洒清水，以保持空气湿润和叶面清洁。

（4）修剪　白鹤芋萌蘖力较强，每年换盆时，注意修根和剪除枯萎叶片。

二十八、龙血树如何水培与养护

龙血树，又名活血圣药、流血之树、植物寿星。它还是著名药品"七厘散"的主要成分，李时珍在《本草纲目》中记载其为"活血圣药"，有活血化瘀，消肿止痛，收敛止血的良好功效。

1. 水培方法

选用有种植杯的长筒形玻璃容器，将龙血树截断，仅保留顶部叶片，晾晒几天，待伤口干燥后，把茎干插条1/3浸入水中发根，约3～5天换一次水，加入少量多菌灵水溶液防腐消毒，放在散射光充足之处，用黑色塑料膜进行遮光处理。

待长出水生根后，适当添加规定浓度1/2的观叶类营养液，大约7～10天加一次清水，若在炎热的夏季，需20天左右更换一次新的营养液，冬季30～60天换一次新的营养液，营养液初始液位浸没根系1/3～1/2即可。如图4-31所示为水培龙血树。

图4-31　水培龙血树

2. 养护指南

（1）温度与光照　适合龙血树生长的温度为 20～28℃，如夏季高于 32℃，或冬季低于 15℃均会进入休眠状态。龙血树喜阳光，也耐阴，但长期生长在阴暗的环境中会使叶片褪色，夏季忌阳光直射。

（2）换水　龙血树初期 2～3 天换一次水，长出水生根后，10～15 天换一次水即可。

（3）施肥　水培龙血树换水的同时加入营养液。夏季天气干燥炎热，为保持叶片的清洁和湿润，可经常向叶面喷洒清水。

（4）病虫害防治　红蜘蛛是侵扰水培龙血树的虫害，发现后以人工捕捉为主，并去除其虫卵，避免复发。

二十九、一叶兰如何水培与养护

一叶兰，又称蜘蛛抱蛋，别名竹叶盘、大叶万年青、竹节伸筋、九龙盘等，百合科、蜘蛛抱蛋属，属多年生常绿草本植物。一叶兰具粗壮匍匐根状茎，单叶基生，长可达 70cm，质硬，基部狭窄形成沟状长叶柄。单花生于叶基部，花被钟状，褐紫色，蒴果。自然花期 4～5 月，果熟期 6～8 月。

1. 水培方法

（1）从一叶兰匍匐茎处切下带有新芽的 3～5 个叶片，直接将植株浸入具有营养液的容器中，水培初期营养液适当稀释。

（2）一叶兰茎短且壮，叶片挺直修长，营养液消耗不多。夏季 7～10 天加一次清水，30～60 天更新一次营养液。营养液初始液位不能过高，刚浸没根系即可。随着肉质水生根的长出，营养液可降至浸没根系 2/3 处。如图 4-32 所示为水培一叶兰。

图 4-32　水培一叶兰

2. 养护指南

（1）光照与温度　一叶兰适应性强，耐阴、耐寒，可长期放于明亮的室内栽培，或开春后搬到室外半阴处或其他植物下面。夏天不可置于阳光下暴晒。春季长新叶时，置于光照充足处。北方栽培时，入冬前应移入室内，温度控制在 25℃ 以下，以防室温过高而使叶面失去光泽。

（2）施肥　一叶兰在春、夏季生长旺盛期，施肥多用腐熟的饼肥或土杂肥，一般 10～15 天施一次。

（3）浇水　水培一叶兰需定期清除叶片上灰尘，可喷水或用布擦。空气干燥时，可向叶面和地面喷洒少量水。

三十、绿萝如何水培与养护

绿萝属于天南星科麒麟叶属植物，大型常绿藤本，生长于热带地区，常攀缘生长在雨林的岩石和树干上，其缠绕性强，气根也非常发达。

1. 水培方法

（1）绿萝十分适合水培，用水插法、洗根法都容易获得理想的栽培植株。剪取带叶茎段插在透明玻璃容器中，15～20 天就可以萌生新根。

（2）在生长期间，夏季每 7～10 天添加清水一次，冬季 15～20 天添加清水一次，30～40 天更新营养液一次。把水培专用肥稀释后喷洒叶面，会使叶片更加艳丽。如图 4-33 所示为水培绿萝。

图 4-33　水培绿萝

2. 养护指南

（1）温度与光照　水培绿萝在夏季应放在半阴环境中，避免阳光直射；冬季放在有光线直接照射的室内。生长适温白天 25℃ 左右，夜间 10～13℃，不应低于 7℃。冬季注意保暖、防寒，增加光照，否则易叶黄、叶落。

（2）浇水　绿萝喜湿热环境，夏季可经常向叶面喷水，保持湿润。生长期水分要充足，空气干燥时可向周围地面及叶片喷水。

（3）施肥　绿萝换水时加入观叶植物营养液，并随时向叶面喷洒清水，以保持叶片湿润。为保持叶片的颜色和斑纹，可每 2 周向叶片喷施一次氮磷钾复合肥或每周喷施一次 0.2% 磷酸二氢钾溶液。

（4）病虫害防治　水培绿萝不易发生病虫害，偶有虫害发生时，通过人工捕捉去除即可。

 【知识链接】

绿萝下部叶片为什么会发黄

绿萝在受冻后会出现黄叶，甚至叶片掉落，但当天气转暖时，叶片会重新发出，并不影响观赏效果。另外过干或过涝也会引起绿萝叶片发黄，如果因为过干或过涝导致根部腐烂，就需要找到原因，切下腐烂部位，重新扦插。

三十一、发财树如何水培与养护

发财树，别名称瓜栗、马拉巴栗、中美木棉、大果木棉、美国花生树。木棉科瓜栗属。发财树的叶片四季翠绿。用幼株 3～5 株茎干做辫状造型，别致美观。地栽的株高 8～20m，盆栽的高约 2m，更有培育成株高仅 30～50cm 的迷你型盆株。干直，基部膨大，枝条多轮生。掌状复叶，具总柄；小叶 5～7 片，呈矩圆状披针形，长近 20cm，无叶柄，全缘，近革质，翠绿油亮。花大，长达 20cm，黄白色至淡黄色，花瓣条裂。4～5 月（华南）或 6～7月（华东）开花，7～8 月果熟。

1. 水培方法

（1）方法一　春天选取健壮土培发财树幼苗，挖出全株，除净泥土。发财树根系小，小心操作，不可损伤根系。用 0.1% 的高锰酸钾溶液消毒 10min，洗根后定植于透明容器中。因株形较大，容器要厚重，根部要在瓶口嵌牢或用少量基质帮助固定。注入清水至根系 2/3处。每 2～5 天换 1 次清水，2～3 周后长出新根。如图 4-34 所示为水培发财树。

图 4-34　水培发财树

（2）方法二　春末夏初截取长 10～15cm 的枝条，摘除下部叶片，直接插入容器中，注入枝条长 1/3 的清水。每 2～5 天换 1 次清水，并常向枝条喷雾。生根较慢，需 6～9 周才长出新根。由于水插法形成的水培材料基部不会膨大，观赏性较差，因而应用较少。

2. 养护指南

（1）光照　发财树适宜高温和高湿气候条件。耐寒力差，幼苗怕霜冻，成年树可耐轻霜及长期 5～6℃低温。全日照能使节间缩短、株形紧凑、丰满。生长季节保持阳光充足。光照强度低时生长较慢。不要将植株突然从阴处转移到强光下，否则会使叶片灼伤、焦边。夏季避免阳光直射；冬季放在室内明亮处，室温保持 15～25℃，室温 8℃以下易发生寒害。

（2）浇水　发财树较耐水湿，耐旱能力差。不适宜过多浇水，防止因积水引起根部腐烂，导致植株死亡。每天向叶片喷水，确保叶色翠绿。

（3）修剪　发财树在春季应注意及时修剪枝条，以促使树干基部萌生新枝，使长出的新枝便于绑编、造型。

三十二、散尾葵如何水培与养护

散尾葵（图 4-35），又名紫葵、黄椰子，为棕榈科散尾葵属。我国南北均有栽培，华南地区较为普遍。

图 4-35　散尾葵

1. 水培方法

（1）散尾葵植株细高，宜选择较高型的玻璃容器。将土培植株脱盆、去土、洗净根系泥土植入容器中，用陶粒、石砾、岩棉等基质固定，添加少量多菌灵水溶液浸泡。

（2）水培根系长出后，选择观叶植物营养液，适蒸发情况添加清水，15 天更换营养液一次。

2. 养护指南

（1）光照与温度　散尾葵适宜在温暖、潮湿的气候条件下生长，适宜的温度为 15～25℃，越冬最低温度要在 5℃以上。要求阳光充足，在阴处不能长时间栽培，在较阴暗的室内连续观赏 1～2 个月，仍可保持较好的观赏状态。要选择有较强散射光的地方培养。在阴暗的房间里最长时间连续摆放不能超过 5 个月。然后逐渐移至光线明亮处复壮。春、夏、秋三季应遮去 50％左右的阳光，不可露天让阳光直射。散尾葵怕冷，耐寒力弱，在北方地区室外培养的一般于 9 月下旬至 10 月上旬入室，须放在阳光充足处，越冬期室温白天 23～25℃，夜间维持 15℃以上。

（2）浇水　在生长季节必须保持土壤湿润和植株周围较高的空气湿度。

三十三、冷水花如何水培与养护

冷水花，别名白雪草、透白草、铝叶草、火炮花。归荨麻科冷水花属。冷水花为多年生常绿草本。本种株高 30～50cm。地下具横生根状茎，地上茎丛生多分枝，节间膨大，肉质半透明。叶片交互对生，卵状椭圆形，端尖；三条主脉明显，面凹陷，脉间具银白色斑纹或斑块，致叶色绿白分明。同属植物约 200 种。冷水花的植株小巧玲珑，叶片晶莹翠绿，叶脉间具银白色条纹，绿白相间，叶子更显靓丽（图 4-36）。

图 4-36　冷水花叶片

1. 水培方法

将土培植株脱盆、去土、洗净根系后定植于与植株大小相匹配的玻璃容器中，用陶粒或石砾等进行固定，用标准营养液浓度的 1/4～1/2 进行水培，生长期适当摘心，促进分枝，增加花芽，调整株型。

2. 养护指南

（1）光照与温度　水培冷水花在有散射光的疏阴环境下，叶片白绿分明，节间短而紧凑，叶面透亮而有光泽。夏季放于蔽阴处，避免强光直射。若光照不足，叶色会逐渐淡化。温度过高时注意降低温度，可向叶面喷水降温，一般每天浇一次水。越冬温度不宜低于 7℃。

（2）浇水　冷水花在生长期间注意及时浇水，保持盆土湿润。秋、冬季节逐渐减少浇水次数，否则叶面上易出现黑斑。浇水掌握"见干见湿"原则，以防止盆土中含水过多而引起根系腐烂。

（3）施肥　冷水花生长季节 2～3 周浇稀薄液肥一次。也可使用颗粒肥。不要使肥料触及叶面，施肥后用水轻洗叶面，以洗去不慎落入叶面的肥料。

（4）病虫害防治　水培冷水花在夏季高温季节在通风不良的环境中易发生蚧壳虫、蚜虫等虫害，应及时刮除或用肥皂水清洗，严重时可喷药防治。

三十四、巴西木如何水培与养护

巴西木，别名巴西铁树、巴西千年木、香龙血树，为百合科龙血树属多年生常绿木本植物。株型整齐优美，茎干挺拔；叶片宽大而富有光泽，上有数条金黄色纵纹，弯曲成弓形，叶缘呈波状起伏，苍翠欲滴。因其干叶绮丽，又是极少的观干植物。适宜摆放在光线明亮处。

1. 水培方法

（1）将大型柱状巴西木多年生的茎干锯成不同长度的茎段或将茎干上生长的带叶分枝剪下为材料。以茎段为材料的上端需涂蜡。

（2）选择带有种植杯的玻璃容器即可。

（3）截断巴西木，保留顶部叶片，下部叶片去除，先晾几天，把茎秆插条 1/3 浸在水中，3～5 天换水一次，并加少量多菌灵水溶液防腐消毒，保持较高的温度，放置于明亮的散射光处，最好使用黑色塑料袋将容器进行遮光处理，可促生根。如图 4-37 所示为水培巴西木。

图 4-37　水培巴西木

（4）水培初期可适当添加规定浓度 1/2 的观叶类营养液，7～10 天加清水一次，25～30 天更新一次营养液，pH5.5～6。营养液开始液位不可过高，浸没根系 1/2。

2. 养护指南

（1）光照与温度　巴西木喜高温多湿气候。对光线适应性很强，稍遮阴或阳光下都能生长，但春、秋及冬季宜多受阳光，夏季则宜遮阴或放到室内通风良好处培养。巴西木畏寒冻，冬天应放室内阳光充足处，温度要维持在5～10℃。

（2）浇水　夏季高温时，可用喷雾法来提高空气湿度，并在叶片上喷水，保持湿润。

（3）病虫害治理　水培巴西木有时会出现叶片焦边、叶尖枯焦等现象，多为干旱、温度过低、浇水、施肥不当等引起的生理病害。防治方法是改善栽培管理，控制温度和湿度，合理施加营养液，适当通风。

三十五、虎耳草如何水培与养护

虎耳草，又名石荷叶、金线吊芙蓉、老虎耳等。鞭匐枝细长，密被卷曲长腺毛，具鳞片状叶。虎耳草为多年生草本，高8～45cm。鞭匐枝细长，密被卷曲长腺毛，具鳞片状叶。茎被长腺毛，具1～4枚苞片状叶。

1. 水培方法

（1）方法一　水培虎耳草可选用株形较好的土养成熟植株，用洗根法洗净后剪去枯根、烂根，浸入0.05％高锰酸钾溶液中，再次冲洗干净后定植于小口径容器中。

（2）方法二　或于春末至秋初，剪下较大的虎耳草分株洗净后定植于容器中也可。容器中注入清水至根系的2/3处，5～7天即可长出水生根。如图4-38所示为水培虎耳草。

图4-38　水培虎耳草

2. 养护指南

（1）温度与光照　适合虎耳草生长的温度为15～25℃，安全越冬温度为12℃以上。虎耳草喜充足散射光，其在阴暗环境中也可正常生长，但夏季忌阳光直射。

（2）换水　水培虎耳草初期2～3天换一次水，长出水生根后，10～15天换一次水即可。

（3）施肥　当虎耳草植株进入生长期后。在换水时加入营养液。夏季需常向叶面喷水，以保持叶面和室内的湿度。

（4）病虫害防治　水培虎耳草较少发生病虫害，如发生蚧壳虫、蚜虫等虫害，可使用人工捕捉方法防治。

三十六、豆瓣绿如何水培与养护

豆瓣绿，胡椒科草胡椒属多年生常绿草本植物，以其明亮的光泽和自然地绿色受到青睐。

1. 水培方法

（1）方法一　水培豆瓣绿可使用洗根法，将株形较好的健壮植株洗净后去除枯根和枯叶，用0.05％高锰酸钾消毒液浸泡10min，再用清水冲洗一遍后定植于容器中。加水至根系的1/2～2/3处，7天左右即可长出水生根。如图4-39所示为水培豆瓣绿。

图4-39　水培豆瓣绿

（2）方法二　也可切取豆瓣绿健壮的枝条，去除基部叶片后晾干切口，直接插入水中。

2. 养护指南

（1）温度与光照　适合豆瓣绿生长的温度为20～25℃，如高于30℃或低于15℃则会影响其生长，安全越冬温度为10℃。豆瓣绿喜充足的散射光，忌阳光直射。

（2）换水　水培豆瓣绿生长初期2～3天换一次水，长出水生根后，15天左右换一次水即可。

（3）施肥　水培豆瓣绿换水时加入营养液，夏季多向叶面喷水，以保持空气和叶面湿润。

（4）病虫害防治　水培豆瓣绿病虫害较少，偶有蚧壳虫和蛞蝓虫（图4-40）危害，可使用人工捕捉的方法防治。

图 4-40　蛞蝓虫

三十七、银皇后如何水培与养护

银皇后，别名银后万年青。叶色美丽，十分耐阴。银皇后还是很好的环保植物，家中摆放一盆银皇后具有观赏和净化空气的作用。

1. 水培方法

（1）方法一　水培银皇后可使用洗根法，将土养植株洗净后定植于容器中，加水至根系的 1/3～1/2 处。

（2）方法二　水培银皇后也可使用扦插法，选健壮的当年枝条，切取后直接插入水中，15 天左右即可长出水生根。如图 4-41 所示为水培银皇后。

图 4-41　水培银皇后

水插银皇后四季皆可，但银皇后喜温暖，以春、秋两季最为适宜。

2. 养护指南

（1）温度与光照　银皇后的适宜生长温度为 22～24℃，当温度达到 30℃以上、10℃以下时会停止生长。银皇后喜充足散射光，夏季忌阳光直射，冬季需要充足散射光，光线不足会使叶色变淡。

水培花卉

（2）换水　水培银皇后生长初期2～3天换一次水。春、秋两季是银皇后生长的旺季，可7～10天换一次水。冬季植株生长缓慢，15天左右换一次水即可。

（3）施肥　水培银皇后换水时加入营养液，春、秋生长旺季时，可增加营养液的使用量，以满足植株生长需求。夏季天气炎热时，经常向叶面喷洒清水，以保持空气湿润和叶面清洁。

（4）病虫害防治　水培银皇后不易生病，但是当株丛过于密集且通风不佳时会发生蚧壳虫害。发生蚧壳虫害时，主要以人工捕捉为主，并随时观察有无虫卵，避免复发。

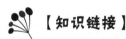 【知识链接】

种植银皇后的注意事项有哪些

银皇后净化空气的能力超强，空气中的污染物浓度越高，其发挥的净化能力越强，通风不好的房间最适宜它发挥功效。但是，银皇后的茎秆折断之后分泌的液体味道堪比辣椒，所以放置在家中时，一定要防止儿童折断其茎叶后将其放入口中。

三十八、黛粉叶如何水培与养护

黛粉叶，别名花叶万年青、大斑马。归天南星科黛粉叶属（或称花叶万年青属）。黛粉叶为多年生常绿灌木状草本。株高30～90cm。茎直立，肉质，少自然分枝，节间短，上有叶片脱落留下的环纹痕。单叶长椭圆形，全缘，叶缘略呈波状，具长柄；叶色有绿、浅绿、淡黄绿、乳黄绿等。主侧脉间夹杂着不规则的深绿或白色的斑点或斑纹，视不同品种而异，甚为美丽。不常开花，如有亦具天南星科特有的佛焰苞（多呈浅绿色），中央亦含肉穗花序（多呈黄绿色），常隐藏于叶簇茎秆丛中而不惹人注意，以观叶为主要。同属植物约30种，园艺品种更多。注意，黛粉叶英文称为哑蔗。乃因切茎流出的汁液有毒，会引起舌头肿胀、剧痛而难以言语，故栽植时须特别小心。

黛粉叶的叶片大，暗绿色。叶片上具不规则的白斑或条纹，色彩对比强烈，灿烂夺目（图4-42）。

图4-42　黛粉叶

1. 水培方法

（1）方法一　在春、夏季时，从健壮土养黛粉叶植株上切取一定长度的顶端枝条，冲洗掉流出的汁液，直接将其插入清水中，约10天即可长出水生根。

（2）方法二　也可以用洗根法将已经成型的土养黛粉叶植株洗净后定植于容器中，加水至根系的1/3～1/2处，7天左右即可长出水生根。

2. 养护指南

（1）温度与光照　适合黛粉叶生长的温度为20～30℃，安全越冬温度为80℃以上。黛粉叶喜阴，宜放在蔽阴处养护，接受柔和的散射光即可，忌阳光直射。

（2）换水　水培黛粉叶生长初期每2～3天换一次水，当水生根长至5cm长以上时10天左右换一次水即可。

（3）施肥　水培黛粉叶换水时加入营养液，因黛粉叶在生长期生长迅速，所以如发现叶片发黄则表示营养液浓度不够，这时可增加营养液的使用量。夏季天气炎热时，需经常向叶面喷洒清水，以保持空气湿润和叶面清洁。

（4）病虫害防治　水培黛粉叶不易生病，偶发冻害和蚧壳虫病。冬季气温太低时，植株叶片边缘会因为冻害而枯焦、发黄，此时剪去边缘部位即可。如受冻范围较大，可将叶片和叶柄一同剪去，等待来年新叶发出；蚧壳虫以人工捕捉为主，并随时观察有无复发。

【知识链接】

黛粉叶摆放需要注意什么

黛粉叶四季常青，叶片翠绿，并布有乳白色的条纹和斑点，是极易养活的水培观叶植物。放在客厅、书房、卧室等，不仅美化环境，又能净化空气。但是，黛粉叶的叶片和茎部汁液有毒，对皮肤和呼吸道有刺激作用，所以不要误食或接触到汁液，摆放时也应尽量摆放在儿童和宠物不容易接触到的地方。

三十九、变叶木如何水培与养护

变叶木，别名称洒金榕。变叶木的叶形叶色多变化，同一株亦可因生长期不同而变化，可谓一叶多态，一叶多色，极具观赏性（图4-43）。变叶木为常绿灌木。高1～2m，多分枝。单叶互生，厚革质。叶片形状、大小、颜色变化大。叶有椭圆形、卵形、线形、披针形等，全缘或分裂；扁平、波形或螺旋扭曲。叶色有黄、紫、绿、红、白等颜色。叶面具斑点、斑块或条纹。

1. 水培方法

（1）水培变叶木可选择成熟土养小植株，通过洗根法洗净后定植于容器中。

（2）因为变叶木颜色鲜艳，在选择容器时，以晶莹的玻璃器具和传统的工艺盆为佳，其直径最好为株高的1/5左右。

水培花卉

图 4-43　变叶木叶片

（3）由于变叶木根系不耐旱，因此可加水至根系的 1/2～2/3 处，20～30 天即可长出水生根。

2. 养护指南

（1）温度与光照　适合变叶木生长的温度为 20～30℃，冬季温度应高于 13℃，低于 5℃时会发生冻害。变叶木喜光，除夏季和秋季需稍遮阴外，其他时间均可接受全日光照射。

（2）换水　水培变叶木初期 2～3 天换一次水，长出水生根后 15～20 天换一次水即可。

（3）施肥　水培变叶木换水时加入营养液。变叶木不好肥，如发现其生长缓慢，可降低营养液浓度，并将营养液更换时间延长至 30 天。如发现营养液颜色改变，应立即更换，以免影响观赏效果。

（4）病虫害防治　水培变叶木会偶发蚧壳虫病和红蜘蛛病，如发现感染可通过人工捕捉方法去除。

四十、紫鹅绒如何水培与养护

紫鹅绒，又名紫绒三七，属菊科多年生草本或亚灌木，茎粗壮多枝。因茎叶密披状如鹅绒的紫红色细毛而得名。

1. 水培方法

（1）方法一　紫鹅绒可采用扦插法水培。选取成熟的健壮枝条，切取直接插入容器中，2～3 周即可生根。如图 4-44 所示为水培紫鹅绒。

（2）方法二　也可选择株形较好的紫鹅绒成熟植株，通过洗根法洗净后定植于容器中。但是，夏季高温时容易烂根，因此扦插时应尽量避开夏季，以春秋季为佳。

2. 养护指南

（1）温度与光照　适合紫鹅绒生长的温度为 18～25℃，安全越冬温度不得低于 8℃。紫凤梨喜欢充足的阳光，但夏季高温时宜放置在半阴处，如阳光直射会引起叶片枯焦，而过阴时叶片会褪色、变绿，影响观赏。

图 4-44　水培紫鹅绒

（2）施肥　水培紫鹅绒生长季节换水时加入营养液，平时只需清水培护，以免植株徒长。夏季炎热时如果要保持空气湿度，向周围喷雾即可，不要使叶面积水。

（3）换水　水培紫鹅绒生根前每 2～3 天换一次水，长出水生根后 10 天左右换一次水即可。

（4）病虫害防治　水培紫鹅绒的叶和芽容易发生蚜虫害。可用肥皂水将蚜虫冲洗干净，或刮除。之后随时观察有无复发迹象，避免虫害扩散。

四十一、含羞草如何水培与养护

含羞草，多年生草本。含羞草十分有趣，当受到外界碰触时，叶柄下垂，小叶片合闭，像一个含羞遮面的少女，故称为含羞草，如图 4-45 所示为含羞草叶片。

图 4-45　含羞草叶片

1. 水培方法

（1）方法一　含羞草花种，播种于泥炭∶石∶珍珠岩＝2∶1∶1 的基质里。苗高 3～5cm 后，转移至 10cm×10cm 底部有小孔的花盆中。植株长至 10cm 左右，选择株形正、叶片颜色鲜艳、无病虫害与机体损伤的小苗进行水培。

（2）方法二　花卉市场购买较为幼嫩的含羞草植株，先用清水冲洗根部，除去黏液，修剪老化的根和烂根，将全株浸入浓度为 100mg/L 的高锰酸钾溶液中 10～15min，取出再用水冲净高锰酸钾溶液即可用于水培。

2. 养护指南

（1）光照与温度　含羞草喜欢阳光，最好放置在有阳光的阳台上或窗户边，充分接触阳光对含羞草生长有好处，如果阳光过少，则可能阻碍其生长。含羞草适合在温暖的环境下生长，以 20～28℃之间为宜，温度过低则停止生长。

（2）病虫害防治　含羞草一般很少有病虫害，如植株生长不好时，要查看是否光源不足或者是水分不够。

四十二、驱蚊草如何水培与养护

驱蚊草，又名驱蚊草香叶，属多年生常绿草本植物，生命力旺盛。我国南、北方室内皆可种植。

1. 水培方法

（1）方法一　驱蚊草适用于水插法，从母株上截取一段茎或枝条，插入水中，从而形成新的水培植物根。

（2）方法二　将驱蚊草的枝条放入浓度为 0.05％～0.1％的高锰酸钾溶液消毒 10min，再用自来水诱导出新根。

（3）方法三　截取生长良好的枝条，将其插入水中时，水以浸没枝条 1/3 为宜，若有叶片浸入水中，摘除即可；保留气生根，并使暴露在空气中。如图 4-46 所示为水培驱蚊草。

图 4-46　水培驱蚊草

2. 养护指南

（1）光照和温度　驱蚊草适合气候温和、清爽的环境。冬怕严寒风干，夏怕酷暑湿热，最适生长温度为 15～20℃。安全越冬在 0℃以上，15℃以上即能正常散发柠檬香味。蚊净香草（驱蚊草）喜阴，生长时不耐强光照，在强光的夏季需遮阴处理。

（2）病虫害防治　若对驱蚊草的管理不当，就会出现根腐烂或茎叶腐烂的病害，叶皱缩有黑斑出现，而后整株萎缩。原因是空气湿度过大，温度过高，通风不良或苗密度过大引起。可喷洒杀菌剂但不可频繁喷洒。

第二节　水培观花花卉

水培观花植物不仅可以为居室增加一抹亮色，还能为居室主人的心情注入一道阳光。下面介绍君子兰、春兰、红掌、仙客来等水培花卉的培育与养护方法。

一、君子兰如何水培与养护

君子兰，别名剑叶石蒜。归石蒜科君子兰属。为多年生常绿草本。君子兰株高30～60cm。根系粗壮，肉质。茎分根茎和假鳞茎两部分。叶自假鳞茎出，剑形，革质，深绿色。伞形花序，小花10数朵至数十朵；花冠漏斗形，直立，橙红色。果为浆果，熟时紫红色。花期视品种而异，冬、春季或春、夏季。同属植物有大花君子兰、垂吊君子兰和狭叶君子兰3种。花姿娇艳优美，端庄典雅；叶片碧绿、厚实，光彩照人，可谓花叶俱美。

1. 水培方法

（1）方法一　将土培君子兰小苗整株挖出，仔细剥离在母株旁已成形的大蘖芽，保护好蘖芽根系。用清水冲洗后定植于透明容器中，并注入清水至根系2/3处，2～5天换1次清水。如图4-47所示为水培君子兰。

图 4-47　水培君子兰

（2）方法二　选取生长健壮2～3年生土培君子兰，挖出全株，摘除腐烂根系，用清水冲洗、消毒后，将整株定植于透明容器中，注入清水。2～5天换1次清水，换水同时清除萎缩和腐烂的根系，1周后可陆续长出水培根。

2. 养护指南

（1）温度与光照　适合君子兰生长的温度为 18～22℃，5℃以下、30℃以上的温度会抑制其生长。君子兰对光照要求不高，常年不见阳光仍能开花。冬季室温不得低于 5℃，否则生长会受到抑制；0℃以下植株易受冻害，注意保暖。

（2）浇水　平日注意补充容器内消耗的水分。夏季高温，空气干燥时，需经常向叶面喷雾，增大空气相对湿度。用干净湿布擦拭叶面，保持叶面清新亮丽。

（3）病虫害防治　水培君子兰不易发生病虫害，只需在选择水培植株时注意观察有无病虫害，预防疾病的发生即可。

（4）施肥　君子兰换水时加入营养液，成熟植株在春季温度至 18℃ 以上时向叶面喷施一次 0.1‰ 磷酸二氢钾稀释液，以促进花芽分化。夏季炎热时，需要经常向叶面喷水，或用湿布擦拭叶面，以增加空气和叶面的湿度。

（5）观赏效果　君子兰具趋光性，容器摆放时，应让叶片的伸展方向与光线射入方向平行，每隔 7～10 天把容器转动 180°如此周而复始，就能保持叶片的最佳观赏效果。

二、春兰如何水培与养护

春兰（图 4-48），别名朵兰、扑地兰，是中国兰花中栽培历史最为悠久的种类，深受人们喜爱。春兰是中国的名花之一，具有较高的室内观赏价值，开花时散发幽雅的香气，是装饰居室的佳品，其根、叶、花均可入药。

图 4-48　春兰

1. 水培方法

水培春兰是以水为介质，用营养液代替土壤的一种新型栽培方法，此方法简单易学。

（1）选用专门的水栽花盆或棕色广口瓶　水栽春兰使用底部无孔、内外双层网筛套盆式的专用水栽花盆，外盆盛放培养液，内盆为方格网筛，网孔之间的肋筋是托着鳞茎和盛放兰株的固定物，如石子或海绵。移植兰株时，将兰株带根拔起，除去老根、腐根、烂根和多余的根，然后用清水冲洗干净根部。

（2）入水前进行 1 次消毒　将全株浸入浓度为 100mg/L 的高锰酸钾溶液中 10～15min 后，取出用清水冲净高锰酸钾溶液即可。

（3）把根须分成 2～3 组，插入 2～3 个筛孔内，如图 4-49 所示植入水栽盆，使鳞茎紧贴着筛孔之间中央的十字肋筋。

图 4-49　植入水栽盆

（4）用一只手扶正兰株，另一只手把洗干净的 3cm×5cm 规格的石子，围绕植株放满内筛稍晃动，兰株便固定在内筛中央。用清水再一次洗干净固定，外盆盛上清水，在水中放入兰花培养液。

2. 养护指南

（1）光照与温度　春兰喜半阴半阳，有散射光照的环境，适宜生长的温度为 20～30℃，昼夜温差不能超过 15℃。兰花生长发育对光照较为敏感，接受充足阳光，能促进兰花叶片绿而细腻且有光泽。但也不能过强，否则叶片淡绿、粗糙；而光照过弱，叶片深绿而无光泽，影响观赏价值。

（2）浇水　春兰适合在空气湿度为 70%～90% 的环境中生长。空气太干燥，则兰花生长不良，叶片小而薄，无光泽。可以通过浇水增加湿度，雨水最佳，也可以用自来水，放置 1～2 天等到氯气挥发后再用。

三、建兰如何水培与养护

建兰，也叫四季兰。建兰为多年生草本植物。久经人工培植，品种很多，唇瓣和两棒白色无斑点的为上品，称"素心兰"。建兰是现代家庭之中最为常见的一种花卉，极具室内观赏价值，图 4-50 所示为开花的建兰。

1. 水培方法

（1）方法一　从花卉市场购买建兰植株，用清水冲洗干净，除去全部的根。然后，将植株浸入 1% 高锰酸钾溶液 10～15min，再用清水冲洗，将用于水培的植株随机等份备用，放置于清水缓苗 1 周左右，进行驯化后，再进行营养液培养。

水培花卉

110

图 4-50　开花的建兰

（2）方法二　依据供试植株的大小选择大致容量、口径相同的容器，将待试营养液分别装入棕色玻瓶中。

选取较为幼嫩建兰植株，用清水冲洗干净，剪去全部的根。入水前进行消毒，将植株浸入 1‰高锰酸钾溶液 10～15min，再用水冲洗，将每种供试植株随机等份备用，先将植株置于清水缓苗 1 周，进行驯化后，再进行营养液培养。

将待试营养液分别装入棕色玻璃瓶中，约为容器的 1/3，依次将待试建兰放入容器中，保持建兰的根部与溶液接触，其余露出液面以上。将栽植后的植株放在阴凉处 1 周，在此期间，根据植株叶片的情况，不断向叶面喷水，待植株恢复长势，将建兰移到适合的地方养护。

2. 养护指南

（1）光照与温度　建兰喜阴，忌阳光直射，喜湿润，忌干燥，空气要保持流通。最适生长温度是 15～30℃。耐最高温 35℃，最低温 5℃，否则不能正常生长。如在炎热的夏季暴晒一两天内即出现叶子灼伤或枯焦。遭遇冷气温，会出现冻伤的情况。

（2）病虫害防治　建兰的花期为 7～9 月的高温季节，这个季节最容易发生蓟马、蚜虫侵害花苞、花朵的现象，严重影响观赏价值。因此，建兰起蕊到盛开的这段期间，千万要注意预防，防治结合，以避免遭受虫害。

四、蝴蝶兰如何水培与养护

蝴蝶兰为兰科蝴蝶兰属，原产于亚热带雨林地区，近年蝴蝶兰多采用组织培养法大量繁殖，已成为我国大陆地区特别是华南地区年宵佳卉。

1. 水培方法

（1）选取已孕育花芽的蝴蝶兰盆栽成年植株，用清水冲洗掉根部基质，去枯根，摘去烂叶，定植于透明容器中，加清水浸没根系的 1/3～1/2 即可。

（2）操作时要格外小心，蝴蝶兰根尖相当敏感，不可触动损伤，也不要加入坚硬的固体基质，以免换水时碰伤根系，影响成活。

（3）水培蝴蝶兰生长初期每 2～3 天换 1 次清水。因蝴蝶兰的根系为气生根，只要保证其根系不全部浸入水中，就能很快适应水培养殖。如图 4-51 所示为水培蝴蝶兰。

图 4-51　水培蝴蝶兰

2. 养护指南

（1）光照和温度　夏季将蝴蝶兰放置阴凉、通风良好的位置，避免强光直射，并常向叶面喷水，保持湿度。冬季和早春可接受阳光照射，还可以用日光灯补充日照的不足。若温度低于 15℃时，蝴蝶兰的根部停止吸水，造成植株生理性缺水，老叶变黄脱落；若气温低于10℃，就会受到冻害，蝴蝶兰对温度十分敏感。

（2）施肥　当水培蝴蝶兰长出新根，将其移到阳光充足的地方，并加入营养液，每 3～5 周换 1 次营养液。花前或花后叶面喷施 0.1％的磷酸二氢钾稀溶液，可促使开花和萌发新根、新叶。

（3）病虫害防治　长期处于潮湿的环境，蝴蝶兰植株易受霉菌侵害，发现这种现象时立即改善其生长环境即可。

五、寒兰如何水培与养护

寒兰的株形与建兰十分相似，但叶片较细，尤以基部为甚，叶姿潇洒，花色艳丽多变，香味清醇久远，凌霜冒寒吐芳（图 4-52），因此有"寒兰"之名，为国兰之一。

1. 水培方法

（1）从市场购买的寒兰中选取小植株，小心地洗去根部泥土，剪除枯根和烂叶，植株浸入 1％高锰酸钾溶液 10～15min，然后定植于棕色玻璃瓶中，加清水浸没 1/2 的根系。

（2）因寒兰根尖相当敏感，操作时要细心加以保护，不可触动损伤，也不要加入坚硬的固体基质，以免换水时碰伤根系。

（3）水培寒兰生长初始每 5 天换 1 次清水，因其根系为气生根，只要根系不全部浸入水中，就能很快适应水培养殖。

图 4-52　寒兰

2. 养护指南

（1）光照与温度　水培寒兰应置阴凉通风处，避免强光直射，冬季和早春可接受阳光照射，如光照不足，还可用日光灯补充光照，这样有利于叶片增厚和花蕾健壮。寒兰对高温十分敏感，适宜低温，一般不怕冻害。最佳生长温度为 15～30℃。

（2）施肥　当水培寒兰植株出现较强的生长势时，置散射光充足的地方，加入营养液进行培养，每 3～4 周换 1 次营养液。花前或花后叶面喷施 0.1% 的磷酸二氢钾稀溶液，可促使开花和萌发新根、新叶。

（3）浇水　经常向水培寒兰叶面喷水，用来增加空气湿度。

六、墨兰如何水培与养护

墨兰，又称中国兰、报岁兰，常见于山地林下溪边，手常绿阔叶林或混交林下草丛中也有，叶片丛生，狭长，呈剑形，花期 2～3 月，花茎直立，花朵较多，香气扑鼻。

1. 水培方法

（1）从花卉市场购买较为幼嫩的墨兰植株，小心地洗去根部泥土，剪除枯根和烂叶，植株浸入 1% 高锰酸钾溶液 10～15min，然后定植于棕色广口瓶或透明容器中，加清水浸没 1/3 的根系。

（2）操作时要细心加以保护，不可触动损伤，也不要加入坚硬的固体基质，以免换水时碰伤根系。

（3）水培初始每 5 天换 1 次清水，因其根系为气生根，只要根系不全部浸入水中，就能很快适应水培养殖。如图 4-53 所示为水培墨兰。

图 4-53　水培墨兰

2. 养护指南

（1）光照与温度　夏季将墨兰放置阴凉、通风良好的位置，避免强光直射，每天向叶面喷水，以保持湿度。冬季和早春可接受阳光照射，还可以用日光灯补充日照的不足，以增厚叶片、健壮花蕾。墨兰对低温十分敏感，最适合生长在 18～30℃ 的环境，气温低于 0℃ 时根部停止吸水，造成植株生理性缺水，老叶变黄脱落；叶片脱落，花瓣出现褐色斑。

（2）施肥　当墨兰植株长出幼根时，将墨兰移到散光充足的地方，并向容器中加入营养液进行培养，每 3～4 周更换 1 次。花前或花后叶面喷施 0.1% 的磷酸二氢钾稀溶液，可促使开花和萌发新根、新叶。

七、蕙兰如何水培与养护

蕙兰（图 4-54）属兰科蕙兰属的地生草本植物，我国有着悠久的栽培历史。古代常称为"蕙"，"蕙"指中国兰花的中心"蕙心"，常与伞科类白芷合名为"蕙芷"。蕙兰是珍稀物种，为国家二级重点保护野生物种，其特点是耐寒。

1. 水培方法

（1）从花卉市场购买较为幼嫩的蕙兰植株，洗去根部泥土，同时剪除枯根和烂叶，植株浸入 1% 高锰酸钾溶液 10～15min，然后定植于棕色广口瓶中，加清水浸没 1/2 的根系。

（2）操作时小心谨慎，细心保护，不可触动损伤，也不要加入坚硬的固体基质，否则很容易碰伤根系。

（3）水培初期约每 5 天换 1 次清水，根系不要全部浸入水中，以免妨碍气生根的呼吸，只要根系不全部浸入水中，就能很快适应水培养殖。

图 4-54　蕙兰

2. 养护指南

（1）光照与温度　夏季将蕙兰放置阴凉、通风良好的位置，避免强光直射，每天向叶面喷水，以保持湿度。冬季和早春可接受阳光照射，还可以用日光灯补充日照的不足，以增厚叶片、健壮花蕾。蕙兰对低温十分敏感，低于 10℃ 时根部停止吸水，花瓣出现褐色斑。最佳生长温度为 18～30℃。

（2）施肥　当蕙兰出现较强的生长势时，将其移到散射光充足的地方，同时向培养蕙兰的容器加入营养液，约每 3～4 周换 1 次营养液。花前或花后叶面喷施 0.1％ 的磷酸二氢钾稀溶液，可促使开花和萌发新根、新叶。

八、鹤望兰如何水培与养护

鹤望兰，别名天堂鸟、极乐鸟花。归旅人蕉科鹤望兰属。为大型多年生常绿宿根草本。鹤望兰株高 1～2m。根粗壮，肉质。茎不明显。叶基生，两侧对生，长椭圆形，硬革质，叶柄长达 1m，花茎长达 1m，先端花苞横生，苞内顺次开出 5～8 朵花。花冠形似仰首伸颈的仙鹤，又似在翘首远望，故名"鹤望兰"（图 4-55）。花期春、夏或夏、秋季。同属植物约 5 种。常见的还有尼古拉鹤望兰或称大鹤望兰、白花鹤望兰等。鹤望兰叶大姿美，四季常青。花形奇特，花色艳丽，盛开时整个花序犹如群鹤翘首引颈遥望远方，极富观赏性。

1. 水培方法

（1）在鹤望兰生长期，选取健壮的土培鹤望兰小苗，用锋利的刀片将株丛分成带根系具 8～10 片叶的小丛。

（2）剪除鹤望兰的枯叶、烂根，用水冲洗根系，晾干伤口后，在 0.1％ 的高锰酸钾溶液中消毒 10min 左右，用清水漂洗干净，然后定植于透明容器中，注入清水至根系 2/3 处。

（3）水培鹤望兰每 1～2 天换 1 次清水，同时注意清除烂根，约 10 天后可长出新根。

图 4-55 鹤望兰

2. 养护指南

（1）温度与光照　适合鹤望兰生长的温度为 16～25℃，安全越冬温度为 8℃，如气温高于 35℃会停止生长。夏季宜置于阴凉通风处，防止暴晒春、秋季摆放在散射光明亮处，光照不足，则生长细弱，开花不正常；冬季摆放在室内阳光照射处，室温在 13℃以上能正常开花，8℃以上能安全越冬，5℃以下易受冻害。

（2）施肥　换水时加入营养液，开花前每周向叶面喷施一次 0.1%磷酸二氢钾水溶液可促进开花。水培初始放阴凉处，2 天换 1 次清水。水培根长出并较适应水培环境后，改用综合营养液培养，每 2 周更换营养液 1 次。花期前喷施 0.1%磷酸二氢钾水溶液有利于开花，也可施用含磷、钾为主的营养液。花谢后及时剪除残花梗，减少营养消耗。

（3）病虫害防治　如空气流通不畅，鹤望兰可发生蚧壳虫病，发现后应立即移至通风环境，并以人工捕捉虫害。

【知识链接】

鹤望兰如何进行人工授粉

当花朵开放时，用左手的中指拖住花瓣下方，拇指和食指轻轻按压花瓣两侧，露出花药和花粉后，用全新的毛笔将花粉涂抹到柱头上，再将花瓣合拢即可。为保证授粉质量，应在柱头干燥前再授粉 1～2 次，授粉成功的花朵 80～100天后种子即可成熟。

九、红掌如何水培与养护

红掌，原名花烛，天南星科、花烛属多年生常绿草本植物。红掌叶长椭圆状，心形，鲜绿色；佛焰苞有光泽革质猩红色；花序圆柱形，稍下弯。金黄色，基部象牙白色，雌雄花均无柄。条件适宜终年开花。花朵独特，有佛焰花序，色泽鲜艳华丽，色彩丰富，每朵花花期长，花的颜色变化大，花序从苞叶展开到花的枯萎凋谢，颜色发生一系列的变化，由开始的米黄色到乳白色，最后变成绿色，枯萎之前又变成黄色。叶形苞片，常见苞片颜色有红色、粉红、白色等，有极大观赏价值。

1. 水培方法

（1）用洗根法将已成形的土培红掌小苗改为水培花卉植物。因红掌大多采用泥炭、椰糠等作介质盆栽，根毛上黑褐色附着物很难一次清洗干净，切不可强行刷洗，也不要修剪根系，以免因伤根而造成植物枯萎。

（2）定植后，注入浸没根系 1/3 的清水莳养，每 2～3 天换清水 1 次。当水生根长至 2cm 以上时，改用营养液培养，每 10～15 天更换 1 次营养液，并经常冲洗根部，以保持根系清洁。置光线充足处养护，光线不足时叶片变长，苞片蜡质不足，使观赏性降低。

（3）夏季需防阳光直射，以免出现叶片灼伤、焦叶、花苞褪色和叶片生长变慢等现象，同时还要经常向叶面喷水，以增大空气湿度。生长季节其根部会萌发许多小吸芽，争夺母株营养，并影响株形，可尽早疏吸取芽。如图 4-56 所示为水培红掌。

图 4-56　水培红掌

2. 养护指南

（1）温度与光照　适合红掌生长的温度为 25～30℃，如果温度低于 13℃ 则会发生冻害。红掌喜充足散射光，忌阳光直射。

（2）换水　水培红掌生长初期每 2～3 天换一次水。当水生根长至 2cm 长时，每 10～15 天换一次水。在换水时应冲洗根部，以保持根部的清洁，防止根系腐烂。夏季天气炎热可 7 天换一次水。

（3）施肥　红掌换水时添加营养液。因为红掌的叶面有一层蜡质，故喷施叶面肥不易吸收。只需在生长期增加换水的次数，提高水中营养液的浓度即可解决该问题。

（4）病虫害防治　水培红掌主要会受到叶斑病、根腐病、线虫、红蜘蛛、蚜虫、蚧壳虫、蜗牛等病虫害影响。叶斑病初期在花和叶的背面可见水渍样斑点，后期边缘出现棕褐色斑点，一旦发现应立即摘除感染叶片，防止蔓延；根腐病大多是由于将根系全部浸入水中导致的，水培红掌只需将根系的 1/3 浸入水中即可；害虫类的防治最好以人工捕捉为主，发现虫害时应立即清除害虫及虫卵，并随时观察有无复发迹象。

十、红蕉如何水培与养护

红蕉，其形态细瘦，酷似香蕉。假茎高约 1～2m。叶长圆形，叶色黄绿，叶背淡黄绿色。花序自叶腋处抽生，直立，苞片外面呈鲜红色，内为粉红色，苞稍黄色。每个花苞着生 3～4 朵黄色的花朵，呈穗状排列（图4-57）。夏、秋为开花季，有较长的花期，其果不能食用。

图 4-57　红蕉

1. 水培方法

（1）选取生长健壮的土培红蕉小苗，用锋利的刀片将株丛分成带根系的小丛。

（2）剪除枯叶、烂根，用水冲洗根系，用 0.1% 的高锰酸钾溶液消毒 10min 左右，用清水漂洗干净，然后定植于透明容器中，注入清水至根系 2/3 处。

（3）每 1～5 天换 1 次清水，同时注意清除烂根，约 8 天后可长出新根。

2. 养护指南

（1）光照与温度　水培红蕉在春、秋季摆放在散射光明亮处，光照不足，则生长细弱，开花不正常。春季常向叶面喷雾，防止叶片枯焦。盛夏放置在阴凉通风处，增加喷雾次数，并注意防暑降温，当气温高于 35℃ 时生长停止，开花少或不开花可改为清水培养。冬季摆放在室内阳光照射处，室温在 13℃ 以上能正常开花，8℃ 以上能安全越冬，5℃ 以下易受冻害。

（2）施肥　红蕉水培根长出并较适应水培环境后，改用观叶植物营养液培养，每 2 周更换营养液 1 次。花期前喷施 0.1% 磷酸二氢钾水溶液有利于开花，也可施用含磷、钾为主的营养液。花谢后及时剪除残花梗，减少营养消耗。

十一、仙客来如何水培与养护

仙客来，别名兔耳花、兔子花、一品冠、萝卜海棠。归报春花科仙客来属。仙客来株高 15～40cm，具扁圆肉质块茎。叶丛生于块茎顶端，叶具长柄，近心形，绿色带银白色斑纹，缘具大小不一的钝齿。花自叶腋处抽出，多大型，具肉质长梗（15～25cm）；萼片5裂，瓣5枚，基连成短筒，上反卷扭曲，如兔耳状，故名"兔耳花"。株型更似仙人踏云而来，飘逸无比，故又称"仙客来"。花色丰富，有白、红（大红、紫红、橙红、粉红）、紫及混色等，有的具香气。花期长达5个月。为冬、春季节名贵的盆花。

1. 水培方法

（1）8月下旬在仙客来休眠后恢复生长前，选择球茎在3cm以上、10片以上叶子、无病虫害、生长健康的植株挖出洗根后用作水培。

（2）一般3cm以上的球茎选用直径，15cm以上的容器。将待移栽的球茎用泡沫塑料、陶粒、水苔或蛭石锚定在定植杯中，将球茎的1/3露出，不能埋没生长点，穿出的根系浸入营养液中。从土培或基质培转为水培，宜缓苗1周。1周后早晚见光，1个月后全日见光。营养液高度以浸没根系的1/2为宜。

（3）选用园试营养液，浓度为标准浓度的1/2左右，pH6～7。25～30天更换一次。

2. 养护指南

（1）温度与光照　适合仙客来生长的温度为10～20℃，温度高于30℃植株则进入休眠状态，超过35℃如果通风不良则会出现烂根。冬季安全越冬温度为10℃，如低于10℃花朵易凋谢，低于5℃则会发生冻害。仙客来喜充足散射光，忌阳光直射。

（2）浇水　当室内空气过干时，易使仙客来花蕾干枯变黑，同时叶片也会逐渐变黄，花期明显缩短，所以应经常向叶面喷水，以增大空气湿度。

（3）施肥　水培仙客来换水时加入营养液，花期之后使用清水培护即可。

（4）换水　仙客来水培刚开始时，将植物置于阴暗处，每5天换1次清水，1周后球茎底部可长出新根，此时可移至光线充足的地方养护。当水生根达到5cm以上时，改用水培营养液养护。如图4-58所示为水培仙客来。

图4-58　水培仙客来

（5）病虫害防治　水培仙客来容易发生软腐病及蚜虫病。7～8月高温季节如通风较差，容易发生软腐病，需及时预防。可修剪茂密的老叶、枯叶；如发现蚜虫病及时将其捕杀，并随时观察有无复发。

十二、风信子如何水培与养护

风信子，别名洋水仙、五色水仙。归百合科风信子属。原产于南欧、地中海东部沿岸和小亚细亚。我国南北均有栽培。为多年生球根草本。株高20～30cm。地下鳞茎近球形，有膜质外皮，呈白、蓝、紫、粉等色，常与花色相关。叶片狭披针形，端钝尖，4～8枚，肉质肥厚，绿色，富有光泽、花茎高约40cm，略高于叶；总状花序，其上密生横向或下倾的钟状小花。花单瓣或重瓣，反卷，有芳香。花有白、桃红、黄、蓝、紫等色。花期为春季。

风信子株形粗矮壮实，端庄华丽；花茎挺立中央，色香兼备，绿叶紧护繁花，花叶协调相配，清香缭绕，尽显"吉祥如意、温馨和谐"的意境。

1. 水培方法

（1）每年10～11月挖取贮藏的鳞茎，挑选直径较大、茎盘完整、顶芽充实的健壮鳞茎，剥除皮膜，清除茎盘的枯萎根，用水冲洗干净后置于专用的葫芦形器皿中，或置于瓶口较小的透明容器中，也可置于浅口容器内加固体基质固定。瓶口较小有利于鳞茎盘稳坐瓶口。

（2）容器内注水仅达鳞茎盘底部，使得与水面刚好接触，鳞茎不得沾水，以利于诱导基部生根，并向水中伸长。将风信子移至冷凉阴暗处或用黑布遮光，约1个月后可发出新根。如图4-59所示为水培风信子。

图4-59　水培风信子

水培花卉

2. 养护指南

（1）温度与光照　风信子生根期的适温为2～6℃，芽萌动期的适温为5～10℃，开花期为15～18℃。初期接受光照时间以每天1～2h为宜，然后逐渐增加至每天光照7～8h。

（2）换水　风信子发出水培根后，移至光线较强的地方，每周换清水1次，若用自来水，应在大口容器中先行放置24h，以便释放其中的氯气。

（3）施肥　风信子换水时加入营养液，为了促使风信子开花，可以在开花前每周向叶面喷施0.1％的磷酸二氢钾稀释液，以加速开花。也可添加营养液，但添加综合营养液宜淡不宜浓，每月更换1次。当叶片逐渐长大后，必须放置在光线充足处，以利于花茎生长、加速开花。花后叶、根仍具观赏性并能继续生长。

（4）病虫害防治　水培风信子病虫害较少，如果有虫害发生，以人工捕捉为主。

【知识链接】

如何选择风信子鳞茎

风信子的鳞茎选择以表皮颜色鲜明、质地结实，没有病斑和虫口为佳。如果你想种植某种颜色的风信子，可由鳞茎的表皮颜色来判断，外皮为紫红色开紫花；外皮为白色开白花。但现在很多杂交培育的品种颜色比较复杂，如果自己不能分辨清楚，则最好向店主询问清楚再行购买。

十三、马蹄莲如何水培与养护

马蹄莲，别名慈姑花、水芋、观音莲。归天南星科马蹄莲属。马蹄莲为多年生球根草本。株高25～50cm，地下具肥大肉质根茎。根茎向下长根，向上长茎。叶片基生，箭形或披针形，全缘，鲜绿色，某些品种叶面有白色或黄色斑点；叶柄长，下部有鞘。供观赏的部分实为呈卷漏斗状的苞片和苞片中突出的蕊柱。此种花型被称为"佛焰苞"。其颜色有白、黄（金黄、浅黄）、红（粉红、紫红、橙红）、绿等。苞内含黄色或淡绿色圆柱状的肉穗花序。花期为冬、春，以春为盛。

1. 水培方法

（1）马蹄莲水培营养液可采用市售观花营养液。

（2）马蹄莲生长初期，营养液浓度可控制在规定浓度的1/2；生长中后期可适当提高到规定浓度，整个生长期间，营养液pH值均要调到5.6～6.5。

（3）根系1/2～2/3浸泡在营养液即可。如图4-60所示为水培马蹄莲。

2. 养护指南

（1）温度与光照　适合马蹄莲生长的温度为20℃左右，如低于0℃根茎会受冻死亡。马蹄莲在冬季需充足光照，夏季阳光过强时需适当遮阴。

（2）换水　初期2～3天换一次水，开始水培时容易烂根，需及时将烂根去除，并在换水时清洗根部。长出水生根后7天左右换一次水即可。

（3）浇水　生长期应多向叶面洒水，以保持叶面的湿润和清洁。

（4）施肥　马蹄莲种球内含有大量的营养物质，如短期水培可不加营养液。如需长期水培，则30天添加一次营养液即可。

（5）病虫害防治　水培马蹄莲不易生病，只需在选择种球时确定健壮无病即可。

图 4-60　水培马蹄莲

【知识链接】

如何提高马蹄莲的水培成功率

马蹄莲根系较难适应水培环境，所以从土养改水培难度较大。为了提高成活率，一般多选择种球水培。种球的选择应以健壮无病、色泽光亮、芽眼饱满为佳，种球直径以 3～5cm 为宜。正确地选择种球，是成功水培马蹄莲的第一步。

十四、栀子花如何水培与养护

栀子花，别名称栀子、水横枝、越桃、木丹、林兰、鲜支、小黄枝、黄枝花、山黄栀、黄栀花、白蟾花、白蝉、山栀子。茜草科栀子属。我国南北均有栽培，尤以长江流域及江南各省为普遍。

栀子花叶色翠绿，光滑可鉴，能吸收二氧化硫、氯气等有害气体。花洁白如碧玉簪。花瓣将开时如旋瓦覆盖，开后平展如托盘，姿态别致，浓郁芳香。

栀子花为常绿灌木，高 1～3m，干灰色，小枝绿色。叶片对生或 3 叶轮生，长椭圆形，茎部宽楔形，端渐尖，全缘，革质，面滑光亮。花单生，顶或叶腋生。花冠高脚碟状，白色，浓郁芳香。花期 5～8 月。果红色，卵形，具纵棱。

1. 水培方法

（1）方法一　在生长期，截取栀子花健壮枝梢，长 8～10cm，除去基部叶片，直接插于透明容器中，注入清水至枝条 1/3 处，每 2～3 天换 1 次清水，极易发根。如图 4-61 所示为水培栀子花。

图 4-61　水培栀子花

（2）方法二　在生长期，选用生长健壮的土培栀子花幼苗，挖出全株，疏去过密枝条，通过洗根法除去泥土、枯叶、烂根，在 0.1% 的高锰酸钾溶液中浸泡 10min 消毒，定植于透明容器中，注入清水至根系 2/3 处，放置在偏阴处。每 2～3 天换 1 次清水，并向叶面喷雾。经 10 天左右，在老根上或茎基部可萌生新根。

2. 养护指南

（1）光照　栀子花性喜温暖、湿润环境，好阳光，但又不能忍耐强光照射。生长期 18～22℃，越冬期 5～10℃，低于 -10℃ 则易受冻。

（2）浇水　水培栀子花苗期应注意浇水，保持盆土湿润，勤施腐熟薄肥；生长期每隔 10～15 天浇一次 0.2% 硫酸亚铁水或矾肥水，防止叶片发黄。夏季每天早、晚向叶面喷一次水；冬季控制浇水，可用清水常喷叶面。

十五、水仙如何水培与养护

水仙，又名玉玲珑、金银台、凌波仙子，属水仙为多年生草本。水仙地下部分的鳞茎肥大似洋葱，外包裹一层棕褐色皮膜。叶形狭长，花莛中空，多者可达 10 余枝，每花莛数朵至 10 余朵。

1. 水培方法

（1）水培水仙花可选择直径 8cm 以上，外形扁圆的水仙鳞茎，去除外表的褐色包膜，用刀在鳞茎部位没有小球的地方竖切 2～3cm，注意不要伤到叶芽，然后将其放入水中浸泡 10h 左右，再用水洗去切口的黏液后用水浸法培养。将经催芽处理后的水仙直立放入水仙浅盆中，加水淹没鳞茎 1/3 的为宜。盆中也可用石英砂、鹅卵石等将鳞茎固定。如图 4-62 所示为水培水仙。

图 4-62　水培水仙

（2）白天水仙盆要放置在阳光充足的地方，晚上移入室内，并将盆内的水倒掉，以控制叶片徒长。次日晨再加入清水，注意不要移动鳞茎的方向。

2. 养护指南

（1）温度与光照　适合水仙生长的温度为 10～15℃。水仙白天应摆放到阳光充足的地方，晚上放到灯光下，以避免叶片徒长。

（2）换水　水仙刚上盆时 1 天换一次水，以后 2～3 天换一次水，花苞形成之后一周换一次水。

（3）施肥　水培水仙不需要施肥，开花期间略施一些速效磷肥可以使花开得更好。

【知识链接】

如何控制水仙的花期

水仙只要每天有 6h 光照时间，室温保持在 10～15℃ 左右即可以在养殖 45～50 天如期开花，如果光照不足或温度过低或过高，则需要采取一些措施才能让水仙如期开花。如气温过低或光照不足时，可在换水时使用 12～15℃ 温水，夜晚用 60W 灯光在距花 40～45cm 处增温及光照，即可让水仙提前开花。如果气温过高，可在水仙盆中加入适量冷水，夜间将水倒掉，从而使水仙延迟开花。

十六、四季秋海棠如何水培与养护

四季秋海棠，别名瓜子海棠、蚬肉海棠、玻璃梅。归秋海棠科秋海棠属。四季秋海棠为肉质多年生常绿草本，园艺上常作一二年生栽培。株高15～45cm，具发达的须根，属须根类秋海棠。茎光滑，近肉质，多自基部分枝。叶互生，卵圆形至心形，缘具齿及缘毛，绿色或略带淡红或紫红乃至呈古铜色，有光泽。聚伞花序，腋生。花单性，雌雄异花同株。雄花较大，瓣2片；雌花稍小，瓣5片，单瓣或重瓣。花色红、粉红、白及复色。花期长，几乎四季开花，以秋末、冬春为盛。花四季盛开，花、叶美丽娇柔，如图4-63所示为美丽的四季秋海棠花卉。

图4-63　四季秋海棠花卉

1. 水培方法

（1）方法一　选取株形较好的土培四季秋海棠，除去泥土，剪除枯梢、枯叶、烂根，用0.1%的高锰酸钾溶液消毒10min左右后，用清水冲洗根系，定植于透明容器中，注入清水至根系2/3处。1～2天换1次清水，5～10天可长出水培根。

（2）方法二　剪取健壮的枝条，晾干半天或1天，直接插于清水中，1～2天换1次清水，1～2周可长出水培根。

2. 养护指南

（1）温度与光照　适合四季秋海棠生长的温度为18～22℃，安全越冬温度为5℃以上。四季秋海棠冬季需较强散射光，夏季应适当遮阴，忌阳光直射。强光直射，叶片会紧缩发红、发紫。

（2）换水　初期1～2天换一次水，长出水生根后，5天换一次水。

（3）浇水　四季秋海棠在空气较干燥及夏季高温季节，需经常向叶面喷水，增加空气相对湿度。

（4）施肥　四季秋海棠不好肥，平时用清水培护即可，进入生长期后每2～3周换水时加入营养液。夏季经常向叶面喷洒清水，以保持叶片的清洁和空气湿润。

（5）病虫害防治　水培四季秋海棠如通风不畅，可能会发生蚜虫、红蜘蛛、金龟子幼虫等虫害，此时需改善通风环境，并以人工捕捉消灭虫害。

（6）修剪　在四季秋海棠生长期，根据长势进行摘心或短截，促发侧枝，以利开花。花后及时除去花枝，并进行整形修剪。

【知识链接】

四季秋海棠夏季如何护理

　　夏季时，应经常向叶面喷水，并多次摘心，促其分枝，以保证开花繁密。阳光强烈时，应避免阳光直射，以免叶片紧缩、叶片发红、发紫。当气温达到32℃以上时，植株进入半休眠状态，这时可将其移到阴凉通风处。

十七、彩叶秋海棠如何水培与养护

　　彩叶秋海棠属须根类秋海棠，叶片斜卵圆形，鲜绿色，叶脉红色，花朱红或淡红色，为多年生草本植物。如图4-64所示。

图4-64　彩叶秋海棠

1. 水培方法

　　（1）方法一　选取株形较好的土培彩叶秋海棠苗，洗净泥土，剪除枯梢、枯叶、烂根，用0.1％的高锰酸钾溶液消毒10min左右后，用清水冲洗根系，定植于透明容器中，注入清水至根系2/3处。1～2天换1次清水，5～10天可长出水培根。

　　（2）方法二　剪取彩叶秋海棠健壮的枝条，晾干半天或1天，直接插于清水中，1～2天换1次清水，1～2周可长出水培根。

2. 养护指南

　　（1）光照与温度　平日宜放置于光线明亮处培养，要避免强光直射。强光直射，叶片会紧缩发红、发紫。气温达32℃时，生长缓慢，进入休眠，应移至阴凉通风处，改用清水培养。秋季温度下降时，恢复用营养液培养。冬季放置在光线明亮处，保持室温15℃以上，仍能继续生长和开花；5℃以上能安全越冬，停止营养液施用。

　　（2）换水　水培初始每2～3天换1次清水，长出新根，改用观花植物营养液或综合营养液培养，2～3周更换营养液1次。

水培花卉

（3）修剪　在彩叶秋海棠生长期，根据长势进行摘心或短截，促发侧枝，以利开花。花后及时除去花枝，并进行整形修剪。

十八、百合花如何水培与养护

百合花（图 4-65），别名丹卷、香山丹。归百合科百合属。百合花为多年生球根草本。地下具球状鳞茎，由许多肥厚、肉质、白色至黄白色的鳞片重叠抱合而成，其外无皮膜包裹。百合的根有两种：一是生长于球状鳞茎底部的基生根；二是生长于球茎上方、接近土表的茎生根。茎直立。叶片互生，阔或狭披针形；具短柄或无柄（贴生于茎上），叶脉明显。花大型，开时呈喇叭状；花有白、红、黄及杂色等，有的具香味。花期 5～9 月，但通过花期调控，全年可开花。百合栽培品种很多，有亚洲百合、美洲百合、麝香百合、东方百合和杂交系列等。百合花的花朵硕大，形如喇叭，色艳多样，品种繁多，为纯洁美丽的象征，是世界上名贵花卉之一。

图 4-65　百合花

1. 水培方法

（1）方法一　在百合花植株生长期剪取一段长 5～10cm 的鳞茎，插于盛有清水的透明容器中。每 3～4 天换清水 1 次，在 10 天内不要移动位置或改变方向，经 30 天左右，在鳞茎上可长出新根。水培新根乳白色，老根红褐色，相映成趣。

（2）方法二　选取已成形的百合花鳞茎，全株进行洗根，定植于透明容器中，能很快适应水培环境，长出水培根。

2. 养护指南

（1）温度与光照　适合百合生长的温度为 12～18℃，安全越冬温度为 3～5℃。百合喜阳光照射，如长期遮阴会影响开花，但夏季忌强烈阳光直射。

（2）换水　水培百合花生长初期 2～3 天换一次水，长出水生根后，7～15 天换一次水即可。

（3）施肥　百合花换水时加入营养液，开花之后植株生长缓慢，可减少营养液的使用。

（4）病虫害防治　水培百合不易生病，只需在选择种球时确定健壮无病即可。养护过程中，如偶发虫害，可通过人工捕捉方法解决。

如何选购百合种球

百合品种繁多，在选购种球时除了要求所选种球完好无损、无病虫害外，还可通过周径判断种球的质量。一般来说，东方百合的种球周径应在 16cm 以上，个别品种可选择 14～16cm 周径的种球。图 4-66 所示为完好的百合种球。

图 4-66 完好的百合种球

十九、杜鹃花如何水培与养护

杜鹃花，别名映山红、满山红、照山红、野山红、应春花、踯躅。杜鹃花科杜鹃花属。杜鹃花属种类多，我国栽培广泛。

杜鹃花（图 4-67）开花时繁花满枝，遍山怒放，烂漫如锦，呈现"山河一片红"的壮丽景色。杜鹃花为常绿或落叶灌木。株高可达 2～3m。分枝多，小枝多毛。叶片互生，常簇生于枝端，近矩圆形，端钝尖，全缘。叶片表面深绿，疏生毛；背面淡绿。叶近纸质。花单生或数朵簇生于枝顶。花冠杯状或漏斗状，单瓣或重瓣，花色多样，花期 1～5 月（华南地区），果为蒴果。

水培花卉

图 4-67 杜鹃花

1. 水培方法

（1）杜鹃宜选择带种植杯的玻璃容器，将土培植株脱盆、去土、洗净根系，对须根进行修剪后用种植杯固定在装有清水的容器中，并加少量多菌灵水溶液进行防腐消毒，诱导水生根系生长，上部用陶粒或石砾固定。

（2）水生根系长出后，可适当添加稀释后的营养液，浸没根系 1/4～1/3 即可。视水分蒸发情况，夏天 3～4 天加清水一次，冬季 10～15 天加清水一次，15～25 天更新营养液一次。pH 值为 5.5。

2. 养护指南

（1）光照与温度　水培杜鹃花在高温炎热的夏季，要防晒遮阴；在寒冷的冬季，应注意保暖防寒。忌烈日暴晒，强光会灼伤嫩叶，适宜在光照强度不大的散射光下生长。冬季放入温室越冬，温度 10～15℃为宜，气温降至 0℃以下容易发生冻害；夏季遮阴，加强通风，并采取降温措施。

（2）施肥　杜鹃在孕蕾期和叶芽萌发阶段，要提供充足的肥料，约 10d 左右即需要浇一次全量营养液。直到花蕾破绽后，应该每 15 天喷一次叶面肥。

（3）修剪　老龄杜鹃植株应进行复壮修剪，应于早春新芽萌动前，将枝条留 30cm 左右，剪去上部。但应注意：不可一次全剪，可分期修剪，每次选 1/5～1/3 枝条短剪，3～5 年完成。修剪完成后，仍需加强施肥和精细管理。平时注意管理，避免枝条徒长，可以较长时间保持植株生长旺盛。

二十、朱顶红如何水培与养护

朱顶红，别名红花莲、孤挺花、百支莲、喇叭花。归石蒜科孤挺花属。朱顶红为多年生球根草本。株高 20～30cm，花茎则可高达 50cm，自地下鳞茎抽出。叶片宽带状，略带肉质，与花同时或花后抽出，左右对称，6～8 片。伞形花序，着花 3～6 朵。花大，形似大喇叭，长约 12～18cm。花色视品种而异，有橙、红、淡红、白等色或带有条纹。花期春夏季。同属植物约 70 种。朱顶红开花时，花枝亭亭玉立，叶色翠绿，花冠硕大如喇叭。花朵朝阳开放，远看格外艳丽悦目（图 4-68）。

图 4-68　朱顶红

1. 水培方法

（1）方法一　将土培朱顶红小苗整株挖出，仔细剥离在母株旁已成形的大蘖芽，保持好蘖芽根系。用清水冲洗后定植于透明容器中，并注入清水至根系 2/3 处，2～5 天换 1 次清水。

（2）方法二　选取健壮的土培朱顶红小苗，挖出全株，摘除腐烂根系，用清水冲洗、消毒后，将整株定植于透明容器中，注入清水。2～3 天换 1 次清水，换水同时清除萎缩和腐烂的根系，1 周后可陆续长出水培根。

2. 养护指南

（1）温度与光照　适合朱顶红生长的温度为 18～25℃，休眠期适宜温度为 10～12℃，安全越冬温度不得低于 5℃，否则生长会受到抑制。0℃ 以下植株易受冻害，注意保暖朱顶红喜充足散射光，忌强烈阳光直射。

（2）换水　水培朱顶红初期 2～3 天换一次水，半个月后 5～7 天换一次水即可。置于空气流通、临窗明亮的环境下养护。

（3）施肥　水培朱顶红若只作短期栽培，因鳞茎中含有生长所需的营养物质，不另加营养液即可使之开花。若作长期栽培，需每半个月添加 1 次营养液。

（4）病虫害防治　水培朱顶红容易发生根腐烂病，发现后应及时去除烂根，将其冲洗干净后重新种植即可。如发生虫害应以人工捕捉为主。

二十一、报春花如何水培与养护

报春花，别名樱草、年景花。归报春花科报春花属（或樱草属）。报春花（图 4-69）为宿根多年生草本，常作一二年生栽培。植株低矮，最高的不足 50cm，近年流行的园艺杂交种更趋矮化。茎极短。叶基生成丛，椭圆形或卵圆形，面稍皱，缘具浅缺刻。头状伞形花序，自叶丛基部抽出。花冠漏斗状或高脚碟状，分裂。花色繁多，有红、黄、紫、白、蓝及复色等。花期冬、春季。

图 4-69　报春花

1. 水培方法

（1）选取生长健壮的土培小植株，用洗根法除去泥沙和枯根，用 0.1% 的高锰酸钾溶液消毒后定植于小口径的水培容器中，加清水至 2/3 根系处。

（2）水培初始，每 5 天换 1 次清水，10 天左右可长出水生根。当植株出现较强的生长势时，加入营养液，置光照充足处养护，每周更换 1 次营养液。夏季置阴凉、通风处，防止烈日直射。冬季室温不宜过高，以 10～12℃ 最好，这样既利于开花，又能使花色更艳、花期更长。花凋谢后应及时剪去花梗和残花，摘除枯叶。

2. 养护指南

（1）温度与光照　适合报春花生长的温度为 10～20℃，安全越冬温度为 5℃ 以上。报春花喜充足的阳光，半阴环境下生长良好。夏季中午时分需遮阴，忌强烈阳光直射，应将其置于阴凉通风处。

（2）施肥　水培报春花换水时加入营养液，当植株出现较强长势时，可增加营养液的用量。

（3）换水　水培报春花生长初期 2～3 天换一次水，长出水生根后，7～15 天换一次水即可。

（4）病虫害防治　水培报春花不易生病，在水培前一定要选择健康的植株。

二十二、非洲菊如何水培与养护

非洲菊，别名扶郎花、灯盏花、太阳红。归菊科非洲菊（或扶郎花）属。非洲菊为多年生常绿宿根草本。株高 20～35cm，全株披细毛。叶基部簇生，匙形，缘波状，浅或深羽裂，具柄。头状花序，单生，花梗长，远高出叶丛。花径 8～12cm，边为舌状花，1～2 轮或多轮呈重瓣状，呈红、粉红、橙红、玫瑰红、黄、金黄、白等色；中为聚生筒状花，与舌状花同色或不同色，周年开花，花型、花色丰富多彩，与绿叶相扶，更令人神往（图 4-70）。

图 4-70　非洲菊

1. 水培方法

（1）水培定植前将植株用多效唑、矮壮素等进行处理，定植于与植株大小相匹配的玻璃容器中，用陶粒或石砾等进行固定。

（2）用标准营养液浓度的 1/4～1/2 进行水培，可通过光照强度进行花期调控。生长期适当摘心，促进分枝，增加花芽，调整株型。

2. 养护指南

（1）温度与光照　适合非洲菊生长的温度为 20～25℃，冬季适宜温度为 12～15℃，温度高于 30℃ 或低于 10℃ 时，植株会进入休眠状态。非洲菊喜光，但夏季应适量遮阴，午间阳光强烈时应避免阳光直射，并加强通风，冬季需全日光照。

（2）换水　初期每 2～3 天换一次水，水生根长出后可 10 天左右换一次水。

（3）施肥　水培非洲菊换水时加入营养液，因为非洲菊花茎较长，容易出现花枝断裂，可每周喷施 1%～2% 硝酸钙溶液一次。花期喷施时注意不要使叶丛中心沾水，避免花芽沾水腐烂。

（4）病虫害防治　非洲菊不争肥，如叶片顶部或羽裂的尖部出现焦枯，可能是由于营养浓度过高引起，只需延长更换营养液的时间即可。

 【知识链接】

非洲菊的花瓣为什么黯淡无光

非洲菊对温度和光照强度反应较敏感，所以 3～6 月和 9～10 月期间所盛开的花朵色彩鲜艳、而盛夏时节，花瓣的颜色比较黯淡。所以，夏季应注意遮光，并经常向叶面喷水，以增加空气湿度，降低植株附近的温度。

二十三、紫凤梨如何水培与养护

紫凤梨，别名铁兰。紫凤梨为多年生草本植物。株高约 30cm，花径约 3cm。苞片观赏期可达 4 个月。紫凤梨花期长，是适合室内养殖的多年生草本植物，可摆放于阳台、窗台、书桌等地方，也可悬挂于客厅、茶室。除了装饰居室之外，紫凤梨还有很强的空气净化能力，新居放置几盆紫凤梨既有益健康，又美化环境。

1. 水培方法

（1）紫凤梨多用洗根法，将成熟的紫凤梨植株由土养转为水培。

（2）选择健壮的土养紫凤梨植株，将整株取出后小心洗去泥沙，并定植于容器中，加水至根部的 1/3～1/2 处，15 天左右即可长出水生根。如图 4-71 所示为水培紫凤梨。

2. 养护指南

（1）温度与光照　适合紫凤梨生长的温度为 20～30℃，安全越冬温度不得低于 10℃。紫凤梨喜欢阳光充足，但忌阳光直射，所以夏季时需遮阴，冬季应放置在阳光充足的地方。

（2）换水　水培紫凤梨初期每 2～3 天换一次水，长出水生根后 10 天左右换一次水即可。

（3）施肥　水培紫凤梨换水时加入营养液，开花前每周向叶面喷施 0.1% 磷酸二氢钾水溶液。夏季炎热时向叶面喷清水，以保持湿润的环境。

（4）病虫害防治　水培紫凤梨不易生病，如偶发虫害则需通过人工捕捉将其去除，并随时观察叶间有无虫卵，避免复发。

图 4-71　水培紫凤梨

二十四、天竺葵如何水培与养护

天竺葵，又称石蜡红、洋葵、洋绣球，为归牻牛儿苗科天竺葵属。天竺葵为多年生草本。植株高达 50cm，多分枝，具特殊气味。茎近肉质、多汁，基部稍木质化。叶片互生、绿色，圆形至心脏形，叶面常见马蹄形色晕。伞状花序，序柄长，小花数朵至数十朵，似绣球（图 4-72）。花单瓣或重瓣，花色有红、粉、白及混色等。4～11 月份为花期。

图 4-72　天竺葵

1. 水培方法

（1）方法一　水培天竺葵可使用洗根法，选取株形较好的土养植株，剪去枯枝和过于密集的枝条后，洗净根部，并剪去枯根和烂根，定植于容器中，加水至根系的 1/2 处即可。

（2）方法二

天竺葵也适用于水插法，从天竺葵母株上截取一段茎或枝条，将茎插入水中生根，从而形成新的水培植物根。

将枝条放入浓度为 0.05％～0.1％的高锰酸钾溶液消毒 10min，再用自来水诱导出新根。

将截取的枝条插入水中时，水以浸没枝条 1/2 为宜，浸入水中部位的叶片要摘除；有气生根的要保留，并使其露在水面以上。

2. 养护指南

（1）温度与光照　适合天竺葵生长的温度为 15～25℃，安全越冬温度不得低于 8℃。天竺葵喜欢阳光充足的环境，只要有充足的光照就可不断开花。

（2）换水　水培天竺葵初期 2～3 天换一次水，长出水生根后可 10～15 天左右换一次水。

（3）施肥　水培天竺葵换水时加入营养液，7～9 月植株进入半休眠状态，此时将其移至阴凉通风处，用清水培护即可。

（4）病虫害防治　水培天竺葵不易生病，如果在水培前选择健康无病的植株，则可保证植株健康。

 【知识链接】

怎样使天竺葵多开花

天竺葵长到一定高度之后要及时摘心，此举不仅可以促使分枝，增加植株的观赏性，还可促进花蕾的孕育。花谢后要及时剪去残花，并剪去过于密集和细弱的枝条，避免养分的消耗。但需要注意的是，冬天天气寒冷，不宜过多修剪。

二十五、康乃馨如何水培与养护

康乃馨，别名大花石竹、狮头石竹、麝香石竹，为多年生宿根草本植物。康乃馨的茎丛生，质硬，呈灰绿，节膨大，高度约 50cm。茎叶较粗壮，披有白粉。花瓣不规则，边缘有齿，单瓣或重瓣，花色多，有红、黄、粉、白等多种（图 4-73）。

图 4-73　康乃馨

1. 水培方法

（1）方法一　直接从母株上截取一段茎或枝条。在将康乃馨枝条插入水中之前，先放入浓度为 0.1％ 的高锰酸钾溶液消毒 10min，再用自来水诱导出新根。将截取的康乃馨枝条插入水中时，水以浸没枝条 1/3～1/2 为宜，摘除浸入水中部位的叶片。

（2）方法二　从花卉市场购买较为幼嫩的康乃馨植株，小心地洗去根部泥土，剪除所有老根和烂叶，植株浸入 1‰高锰酸钾溶液 10～15min。然后定植于棕色广口瓶或透明塑料容器中，加清水浸没 1/3 的根系。10～15 天后，新根长出来，加入营养液继续培养。水培康乃馨初始每 5 天换 1 次清水，新根长出来后可 10～20 天换 1 次营养液。

2. 养护指南

（1）光照　康乃馨喜充足光照，是中日照植物。除育苗期和盛花期外，无须担心强光为害，且借助辅助光可增加花冠直径和花色鲜艳度。

（2）温度　康乃馨适合凉爽的环境，不耐炎热。若温度在 35℃以上，在 9℃以下，均不能正常生长。夏季高温采取降温措施，冬季采取防寒保暖措施。

二十六、百日草如何水培与养护

百日草，又名百日菊，茎直立粗壮，上被短毛，表面粗糙，最高达 120cm 左右，为一年生草本植物。

1. 水培方法

（1）从母株上截取枝条，主干、主枝的顶端及中段枝条的部位萌发新根的能力强。

（2）截断部位宜在节下 0.2～0.5cm 处，该处养料丰富，易生根。切口要平滑，有利于愈合和生根。

（3）将枝条放入浓度为 0.1‰的高锰酸钾溶液消毒 10min，再用自来水诱导出新根。

（4）将截取的枝条插入水中，水位以浸过枝条的 1/3 为宜，摘除浸入水中的叶片。保留气生根，并暴露在空气中。

（5）将其放置在偏阴处，避免阳光直射。每天换水 1 次或 2～3 天换水 1 次。枝条长出新桠后，加入不同配方营养液，观察生长情况。如图 4-74 所示为水培百日草。

图 4-74　水培百日草

2. 养护指南

(1) 温度与光照　百日草适合温暖向阳的环境，不耐酷暑高温和严寒，最适生长温度白天 18～20℃、夜晚 15～16℃。夏季生长特别快，适宜全日照方式，接受阳光直射。

(2) 浇水　百日草生长期要保证充足的淋水量，上午淋水比下午淋水要好，叶片的快速干燥可防止病害的发生并防止徒长。

二十七、郁金香如何水培与养护

郁金香，又名洋荷花、旱荷花、草麝香、郁香、红蓝花、紫述香，属百合科郁金香属。郁金香为多年生草本植物，鳞茎扁圆锥形或扁卵圆形，长约 2cm。郁金香花茎高约 6～10cm，花单生茎顶，大形直立，林状，基部常黑紫色。花型有杯型、碗型、卵型、球型等，花有单瓣也有重瓣。花色有白、粉红、洋红、紫、褐、黄、橙等，深浅不一。郁金香花期一般为3～5 月，生长开花适温为 15～20℃。郁金香属长日照花卉，性喜冬季温暖湿润、夏季凉爽干燥的气候。

1. 水培方法

(1) 郁金香切花水培的关键是选择合适且无病的种球。

(2) 准备好不漏水的托盘，将郁金香放在托盘中，保持生根温度稳定在 8℃，湿度60％～70％。

(3) 大约 2 周，郁金香的根长至 3cm 以上后，将托盘移至温室中。温度控制在 15～20℃，湿度在 60％～70％，加营养液。如图 4-75 所示为水培郁金香。

图 4-75　水培郁金香

水培花卉

2. 养护指南

（1）光照　郁金香喜光，如光照不足，将造成植株生长不良，会发生落芽、植株变弱、花色变浅、花期缩短等现象。但是，在水培之后的半个月需要遮光，以利于新根发育，而出苗后应适当增加光照，促进花蕾形成及着色，花蕾着色后应防止阳光直射，以延长开花时间。

（2）施肥　视郁金香生长情况而定，向叶面施肥，协调营养生长与生殖生长。

（3）换水　在郁金香生长过程中，托盘水表面会产生一层油膜，影响其正常生长，导致根系呈棕色。因此，视情况进行2～3次换水。

水培郁金香从种球生根发芽到开花可分为3期，即发芽期、营养生长期、开花期。

① 发芽期管理。用自来水将装有种球的花盆内注满水，使根部全部浸入。将花盆置于室内见光处（最好放在窗台上），保持室内温度13℃左右，4～7天就能看到生根发芽，转而进入营养生长期。

② 营养生长期管理。生长期期间，郁金香生长十分迅速，需要大量的水分，要保持盆内的水能一直浸没根部。最适生长温度为15～18℃，不要超过25℃。温度过低，会延迟开花，温度过高会造成徒长。由于植物的趋光性，要想保持花的直立生长，需要经常转动花盆方向，经过2～3周的生长，叶片数达到3～4片后，花茎顶部出现花蕾，就进入了开花期。

③ 开花期管理。进入开花期的郁金香，保持其生长温度在15～18℃，5～7天后，就能看见花蕾开放，花朵色彩艳丽。开花后，想延长开花时间，最好将花盆移置室内的凉爽处，一般花期为2～3周。

二十八、长春花如何水培与养护

长春花，别名日日草、日日春、日日新、四时春、山矾花、五瓣莲。归夹竹桃科长春花属。长春花为常绿多年生草本或直立亚灌木，常作一、二年生栽培。株高30～50cm。单叶对生，倒卵状矩圆形，基部渐狭，端钝尖，叶面有光泽，主脉色浅明显。花单生或2～3朵呈聚伞花序，顶生或腋生；花冠高脚碟状，具5裂片，平展。花径3～4cm，白色、粉红色或紫红色花，裂片基部色深。花繁叶茂，花色鲜艳、花期长。

1. 水培方法

（1）方法一　购买长春花花种，浸泡24h后播种，待种子发芽后在25℃恒温培养箱中培养。当苗高至3～4cm长出2片真叶时，选取生长健壮、发育良好的花苗，用药勺刨松周边土壤，小心拔出。用自来水冲洗干净之后用1%的高锰酸钾溶液浸泡5min。

将长春花花苗用棉花包裹固定好后装入瓶中，然后倒入营养液，营养液以浸没植物根部的2/3为宜。每隔10天换1次营养液。换营养液时用水冲洗植株根部，并去掉腐根。每天用喷壶向叶片喷水1次。待植株正常生长后放置于阳光充足、通风良好的窗台。

（2）方法二　长春花适用于水插法，从母株上截取一段茎或枝条，将茎插入水中生根，从而形成新的水培植物根。从长春花母株上截取的枝条应来自主干、主枝的顶端及中段，或贴近主干、主枝的枝条，因为这些部位萌发根的能力强。截断部位宜在节下0.2～0.5cm处，该处养料丰富，易生根；切口要平滑，有利于愈合和生根。

将枝条放入浓度为 0.1‰的高锰酸钾溶液消毒 10min,再用自来水诱导出新根。将截取的枝条插入水中时,水以浸没枝条 1/3 为宜,浸入水中部位的叶片要摘除。将水插后的枝条放在偏阴处,不得受阳光直射。每天换水 1 次或 2～3 天换水 1 次。枝条长出新根后,加入营养液,观察生长情况。如图 4-76 所示为水培长春花。

图 4-76　水培长春花

2. 养护指南

(1) 温度与光照　3～7 月适合长春花生长的温度为 18～24℃,9 月至次年 3 月适合长春花生长的温度为 13～18℃,安全越冬温度为 10℃以上。长春花喜阳光充足的环境,如生长在蔽阴处叶片会发黄脱落,忌阳光直射。

(2) 换水　水培长春花初期 3～5 天换一次水,长出水生根后 7～10 天换一次水即可。因为长春花怕涝,所以换水时如果淹没根部会造成根腐病,此时将植株取出冲洗掉腐烂部分,并剪去烂根,再重新定植即可。注意水位不宜漫过根部的 1/3～1/2。

(3) 施肥　水培长春花换水时加入营养液即可,冬季植株生长缓慢,可适当减少营养液的使用,以避免浪费。

 【知识链接】

误食长春花怎么办

长春花折断茎叶之后流出的白色乳汁有毒,所以摆放时应该放到儿童和宠物不易接触的地方。如果不小心误食了长春花的汁液也不要紧张,先观察有无异常反应,如果发生异常应及时到医院就医。

二十九、睡莲如何水培与养护

睡莲,别名子午莲、水芹花。归睡莲科睡莲属。睡莲(图 4-77)为多年生浮生草本植

水培花卉

物，根状茎粗短而横生。叶片盾状近圆形，基部深裂，全缘或具齿，浮于水面，下有细长叶柄；叶表面绿色，背面暗紫色。花单生，浮于或挺出水面，花径 7～12cm，花瓣多数，花有红、白、粉、黄、紫等色；花一般白天开放，晚上闭合。花期 5～9 月。同属植物约 40 余种，变种和品种多，有耐寒和不耐寒两种类型，后者也称热带睡莲。

图 4-77　睡莲

1. 水培方法

（1）家庭水培睡莲可用较大的无孔花盆，在花盆底部放入腐熟的豆饼或骨粉、蹄片等，再放入 30cm 以上厚河泥。

（2）选择有芽眼的睡莲根种入河泥中，覆土以没过顶芽为准。

（3）在河泥上放置 1cm 左右厚度的粗砂与小鹅卵石，再在盆中加入清水即可。

2. 养护指南

（1）温度与光照　适合睡莲生长的温度为 20～30℃，冬季进入冬眠状态，可抵御较低的温度。睡莲喜充足的阳光，如光照不足会引起发育不良，开花减少。

（2）换水　睡莲不需要换水，只需要及时加水以补充被蒸发的水分。

（3）施肥　栽种睡莲的河泥大多营养丰富，不需要过多施肥。如果营养缺失，植株生长不旺、叶片发黄，可 15～20 天施一次肥。施肥不宜直接撒在盆中，可用废纸把肥料包好，将肥料包压入泥中，让肥缓慢溶解到水中，以避免水质污染。

【知识链接】

秋后睡莲根茎如何保存

入秋后睡莲的茎叶枯黄，这时将根茎挖出保存，其可在第二年顺利发芽。因为睡莲是水生植物，如果长时间失水会使新芽受到伤害，所以必须将其放置于湿度为 95％～100％、温度为 4～6℃ 的环境中。在良好的保存条件下，睡莲的根茎可保存 110～120 天（图 4-78）。

图 4-78　睡莲的根茎

三十、凤眼莲如何水培与养护

凤眼莲，又名凤眼蓝、水葫芦、浮水莲花、布袋莲，属于雨久花科、凤眼蓝属，是一种漂浮性水生植物。

1. 水培方法

（1）水培凤眼莲适合用分株法，从成熟母株上切取分株，在容器中定植即可。

（2）水培容器选用无孔花盆，深浅适中，注意水深不宜超过 30cm。

（3）凤眼莲入盆后，用少量陶粒、多彩石等固定即可。如图 4-79 所示为水培凤眼莲。

图 4-79　水培凤眼莲

2. 养护指南

（1）温度与光照　适合凤眼莲生长的温度为 25～35℃，如果高于 39℃会抑制其生长，低于 7～10℃会使其处于休眠状态。适合水温为 18～23℃。凤眼莲喜阳光充足，只要日照时间长、温度高，其可迅速生长。家庭养殖时，为了控制植株疯长，可适量控制光照。

（2）换水　定植后，约 7～10 天换一次水，在换水时应若发现有枯黄叶片，应及时清除。

（3）施肥　凤眼莲不好肥，有极强的分株能力，日常培护用清水即可。进入花期后，在换水时加入营养液，过了花期，再用清水培护。

（4）病虫害防治风　眼莲不易生病，有极强的抗病能力，但在气温过低、通风不好的环境中生长时也会受到虫害侵扰，可用人工捕捉防治。

三十一、一品红如何水培与养护

一品红，别名称圣诞红、圣诞花、象牙红、猩猩木、老来娇。大戟科大戟属。我国南北均有栽培，华南地区多作为春节用的年宵花卉。

一品红花期适逢圣诞节，故名圣诞花；其叶片翠绿，入冬后嫩枝近花处生出数张朱红色或黄白色的叶片，红绿或红黄相衬，大红色或黄色冠顶。一品红为常绿灌木。株高约 3m，盆栽则株高不到 1m。全株含白色乳汁。单叶互生，卵状椭圆形至提琴形，全缘或有浅裂，色翠绿。花序顶生，雌雄同株异花，雄蕊丛生，雌蕊单生。花小，不显著。花序下方有叶状的轮生苞片，呈红色、黄色、乳白色等颜色。

1. 水培方法

（1）水培一品红适用洗根法，取已成型的土养植株，去土后，用清水冲洗干净，放入定植篮中，用陶粒、鹅卵石等固定。

（2）一品红对水分较为敏感，水分要适量，不可过多，否则会导致叶片狭窄徒长，水位在根系的 1/3～1/2 处即可，15 天左右即可长出水生根。如图 4-80 所示为水培一品红。

图 4-80　水培一品红

2. 养护指南

（1）温度与光照　一品红最适生长温度为 18～25℃，10℃即可安全越冬。一品红喜光，生长期保持充足的阳光可使茎叶迅速生长。

（2）换水　水培初期换水频繁，可2～3天换一次水，长出水生根后15～20天换一次水。

（3）施肥　在换水的同时加入营养液，进入生长期后，约7天喷施一次叶面肥，以保证植株生长营养所需。

（4）病虫害防治　叶斑病、粉虱、叶螨是一品红的常见病。发现叶斑病时应清除生病叶片，改善环境，加强通风，避免复发；粉虱、叶螨以人工捕捉为主，并随时观察有无复发。

三十二、迎春花如何水培与养护

迎春花（图4-81），也称金腰带。迎春花与梅花、水仙和山茶花统称为"雪中四友"，是中国常见的花卉之一。其花色端庄秀丽，气质非凡。迎春花不畏寒，不择水土，适应性强，深受人们喜爱。

图4-81　迎春花

1. 水培方法

（1）方法一　水培迎春花可选取成熟植株上的健壮枝条，直接插入清水中即可。容器可选择浅底广口瓶，水深为8～10cm。将其放置在通风、半阴处，约20天即可长出水生根。

（2）方法二　可将小型土养迎春花植株通过洗根法洗净后，定植于容器中，加水至根系的1/3～1/2处。

2. 养护指南

（1）温度与光照　适合迎春花生长的温度为15～25℃，冬季可耐受−10℃低温，花期适宜温度为12～16℃。迎春花喜阳光，但也稍耐阴。

（2）换水　初期2～3天换一次水，当长出水生根后7～10天换一次水即可。

（3）施肥　换水时加入营养液，生长期和花期增加营养液的使用。

（4）病虫害防治　水培迎春花偶见叶斑病和蚜虫病。叶斑病发现后及时将生病叶片去除，并随时观察有无复发迹象；蚜虫病以人工捕捉为主，并随时观察有无虫卵附着，避免复发。

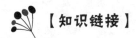

如何使迎春花春节开花

　　迎春花的花期受温度影响，如欲使其春节开花，可根据花蕾的大小，春节前2～3周将其移入12～16℃、光线充足的环境中，并用与室内温度相近的水培护，且时常向植株喷水，保持湿润。如春节前1周仍未有开花迹象，可将室温升至20℃。开花后将室温控制在15℃以下可保持花开30～40天。

三十三、水塔花如何水培与养护

　　水塔花，别称火焰凤梨。开花季为冬春季，开花时叶基部相互抱合，使植株中心成筒状，内可盛水而不漏，状似水塔（图4-82），故得名"水塔花"。

图4-82　水塔花花蕊

1. 水培方法

　　（1）水培水塔花可选取已经成型的土养水塔花，用洗根法将根部洗净之后定植于容器中，加入清水以不超过根系的1/2为宜，10天左右即可长出水生根。

　　（2）因为水塔花的根系并不发达，所以洗根时不需要修剪根系，只要将枯根摘除即可。

2. 养护指南

　　（1）温度与光照　适合水塔花生长的温度为15～30℃，低于15℃时其会停止生长，低于10℃易受冻害。水塔花喜欢散射光充足的环境，阳光直射会使叶片变黄。

　　（2）换水　水塔花未生根时每2～3天换一次水，长出水生根后10天左右再常规养护，每15天左右换一次水即可。

　　（3）施肥　换水时加入营养液，因为水塔花没有明显的休眠期，只要温度、湿度、光照等环境合适，全年皆可生长，所以应及时给予充足的养分和空气湿度。

高温和低温时如何使水塔花安全生长

如果环境温度达到 35℃ 以上，植株虽然能短暂忍受，但生长会受到阻碍，此时应尽可能加强空气对流，并给叶面喷雾，每天喷 2～4 次，并随温度的升高或降低增减喷水次数。如果温度低至 6℃ 以下，可用薄膜将植株包裹御寒，但每隔 2 天应该在中午温度较高时揭开薄膜透气。

三十四、合欢如何水培与养护

合欢花（图 4-83），又名绒花树、朱樱花、红绒球、夜合欢、马缨花。属落叶乔木，夏季开花，花为粉红色，有头状花序，合瓣花冠，雄蕊多条，呈淡红色。荚果条形，扁平，不裂。野外生长可高达 4～15m。花萼管状，花期为 6～7 月；果期为 8～10 月。合欢花喜光，耐干燥瘠薄生长环境。

图 4-83　合欢花

1. 水培方法

（1）方法一　购买合欢花种，40～50℃ 浸泡 24h 后，播种于泥炭：石：珍珠岩＝2：1：1 的基质里。苗高 3～5cm 时，转移到 10cm×10cm 底部有小孔的花盆中。植株长至 10cm 左右，选择株形正、叶片颜色鲜艳、无病虫害与损伤的小苗进行水培。

（2）方法二　购买较为幼嫩的合欢植株，先用清水冲洗根部，除去黏液，修剪老化的根和烂根，将全株浸入浓度为 100mg/L 的高锰酸钾溶液中消毒 10～15min。取出后用去离子水冲净高锰酸钾溶液即可用于水培。

2. 养护指南

（1）光照和温度　合欢适合强光环境，在蔽阴之处影响开花，最好保持全日照，暴晒时间过长会导致树皮开裂。合欢花既耐高温，也耐严寒，在 −27℃ 也能安全越冬。

（2）病虫害防治　天牛、粉蚧、翅蛾（图 4-84）等是侵扰合欢的主要虫害，以人工捕捉为主。

图 4-84　翅蛾虫害

三十五、玫瑰如何水培与养护

玫瑰属蔷薇目，蔷薇科落叶灌木，枝杆多针刺，奇数羽状复叶，小叶 5～9 片，椭圆形，并长有边刺。花瓣呈倒卵形，重瓣至半重瓣，花有紫红色、白色，果期 8～9 月，呈扁球形。玫瑰枝条较为柔弱软垂且多密刺，玫瑰每年花期只有一次。玫瑰高可达 2m，茎粗壮。玫瑰喜阳光，耐旱，耐涝，也能耐寒冷，比较适宜生长在较肥沃的沙质土壤中。

1. 水培方法

（1）从盆中取出整株玫瑰，小心地去掉根系上的土壤，并用清水洗干净，用锋利的刀片将子株和母株的连接处切断。

（2）用浓度为 0.05％的高锰酸钾溶液消毒 0.5h。

（3）选择有根系、健壮、无病虫害的子株作为水培的材料。如图 4-85 所示为水培玫瑰。

图 4-85　水培玫瑰

2. 养护指南

（1）光照和温度　玫瑰性喜阳，充足的日照使其花色浓烈，香味亦浓。生长季节日照少于 8h 则徒长而不开花。冬季若有雪覆盖，则能忍受 $-38 \sim -40℃$ 的低温，无雪覆盖的地区也能忍耐 $-25 \sim -30℃$ 的低温，但不耐早春的旱风。

（2）换水　定期换水是玫瑰水培成功的关键。夏季 7～10 天、春秋季 15 天左右、冬季15～20 天要换水 1 次。换水时，洗去根部的黏液，剪除烂根并摘除黄叶。

（3）施肥　水培玫瑰对溶解在水中的肥料比较敏感，一般应定量施用专门的营养液。营养液是根据玫瑰所需的养分比例、浓度和酸碱度配制而成的。

三十六、月季如何水培与养护

月季，又称"月月红"，被称为花中皇后，是常绿、半常绿低矮灌木，蔷薇科属植物。月季可四季开花，花色有红色、粉色、偶有白色和黄色，可作为观赏植物，也可作为药用植物。现代月季花型花色呈多样化，不仅有单瓣和重瓣，还有高心卷边等优美花型，花色中还孕育出了混色、银边等品种。月季花是直立灌木，高 1～2m；小枝粗壮，有短粗的钩状皮刺。月季花对气候、土壤要求虽不严格，但以疏松、肥沃、富含有机质、微酸性、排水良好的壤土较为适宜。月季性喜温暖、日照充足、空气流通的环境，冬季气温低于 5℃ 即进入休眠期。

1. 水培方法

（1）水培月季适用于无根系法水培。可从母株上截取一段茎或枝条，在水中培养，即可形成新的水培植物。

（2）将枝条放入浓度为 0.05%～0.1% 的高锰酸钾溶液消毒 10min，再用自来水诱导出新根。

（3）将截取的枝条插入水中，水位在浸没枝条 1/3 处即可，浸入水中的叶片要摘除，保留气生根，并使其完全暴露在空气中。如图 4-86 所示为水培月季花。

图 4-86　水培月季花

2. 养护指南

（1）光照和温度　月季适合生长在温暖、日照充足、空气流通的环境中。将水培初期的的枝条放在偏阴处，避免阳光直射。大多数品种最适温度白天为 15～26℃，晚上为 10～15℃。冬季温度低于 5℃会休眠，夏季温度持续 30℃以上时，即进入半休眠，影响月季的正常生长。

（2）换水　水培月季应每天换水 1 次或 2～3 天换水 1 次。

三十七、美人蕉如何水培与养护

美人蕉为多年生球根草本植物。能长至 100～150cm，根茎肥大；地上茎肉质，不分枝。茎叶宽大，长椭圆状披针形或阔椭圆形。总状花序自茎顶抽出，花瓣直伸，具 4 枚瓣化雄蕊。花色较多，有乳白、鲜黄、橙黄、橘红、粉红等。

1. 水培方法

（1）方法一　将土培美人蕉小苗挖出，清除根部腐烂部分及老根，在 0.05％～0.1％的高锰酸钾溶液中消毒 10min 左右，清洗后定植于透明容器中，向容器注入清水至根系的 2/3 处。2～3 天换 1 次清水，极易生根，10 天左右可长出水培根。如图 4-87 所示为水培美人蕉。

图 4-87　水培美人蕉

（2）方法二　将美人蕉根茎挖出，分割成小块，每小块带芽眼 2～3 个及少量须根，冲洗根系，然后定植于水培容器中，每 2～3 天换清水 1 次，2 周后可长出水培根。

2. 养护指南

（1）光照与温度　开花时将植株置于通风凉爽的地方，可延长花期。在全年气温高于 16℃的环境下，植株可终年开花。当气温低于 16℃时生长缓慢甚至休眠。冬季室温不低于 7℃时可安全越冬。冬季应放置在光线充足处，室温保持在 7℃以上，能安全越冬；7℃以下易受冻害。

（2）施肥　美人蕉洗根水培后容易产生新根，侧根发生也较快，2～3周后就开始出现较强的生长势，这时可改用营养液，置散射光充足处养护。因其极喜肥耐湿，应注意每周添加适当的营养液，每3周左右更换1次。

（3）浇水　炎夏季节，应避免烈日暴晒，并常向叶面喷水，否则会出现叶缘枯焦和发黄现象。

三十八、鸢尾如何水培与养护

鸢尾，别称为蓝蝴蝶、紫蝴蝶、扁竹花等，属天门冬目，是多年生宿根性直立草本植物。能长至30～50cm。根状茎匍匐多节，浅黄色。叶为渐尖状剑形，淡绿色，呈2纵列交互排列，基部互相包叠。春至初夏开花，总状花序1～2枝，每枝有花2～3朵；花蝶形，花冠蓝紫色或紫白色（图4-88）；外列花披有深紫斑点，中央面有1行鸡冠状白色带紫纹突起，花期4～6月，果期6～8月。花出叶丛，有黄、白、淡红、蓝、紫等色，花形大而美丽。

图4-88　鸢尾花

1. 水培方法

（1）将生长期的土培鸢尾整株小苗挖出，用锋利的刀片分割根状茎，选取合适的株丛，除去泥土、枯叶、烂根，在0.1％高锰酸钾溶液中消毒10min，用清水冲洗根系，晾干切口，定植在透明容器中，注意加水仅达根状茎腹部。

（2）每2～3天换清水1次，1周后可长出水培根。

2. 养护指南

（1）温度和光照　鸢尾应放置在散射光明亮处培养。冬季放置在室内向阳处，植株仍能保持叶色翠绿；注意不可放置在风口，以免受冻而出现叶尖干枯的现象。鸢尾适宜的日夜平均温度可在20～23℃，最低温度为5℃。在高温和光线较弱的温室中，缺少光照是造成花朵枯萎的主要原因。

（2）施肥　水培初始2～3天换1次清水，长出新根后，用综合营养液培养，2周左右更换1次营养液。

（3）浇水　鸢尾喜湿，空气干燥时，应常向叶面和周围环境喷雾，以增加空气相对湿度，特别在酷暑时，更要增加喷雾次数。

水培花卉

148

（4）**修剪**　鸢尾在生长期及时修剪枯焦的叶尖及老黄叶，使植株始终保持一片青翠碧绿。花后及时剪去残花梗。

三十九、鸡矢藤如何水培与养护

鸡矢藤，多年生草质藤本植物，全株均被灰色柔毛，揉碎后有恶臭。鸡矢藤的叶对生，有长柄，卵形或狭卵形，先端稍渐尖，基部圆形或心形，全缘。花多数集成聚伞状圆锥花序；花冠筒钟形，外灰白色，内面紫色（图4-89）；雄蕊5枚。果球形，淡黄色。花期8月，果期10月。

图4-89　鸡矢藤花

1. 水培方法

（1）**方法一**　在生长期，截取健壮枝，梢长8～10cm，摘除下部叶片，在0.1%的高锰酸钾溶液中浸10min左右，直接插于透明容器中，注入清水至枝条1/3处，每2～3天换1次清水，可发根。

（2）**方法二**　在生长期，选用生长健壮的土培鸡矢藤幼苗，挖出全株，疏去过密枝条，通过洗根法除去泥土、枯叶、烂根，在0.1%的高锰酸钾溶液中浸10min左右，定植于透明容器中，注入清水至根系2/3处，放置在偏阴处。每2～5天换1次清水，并向叶面喷雾。经10天左右，在老根上或茎基部可萌生新根。

2. 养护指南

（1）**光照和温度**　水培鸡矢藤在冬季应放置在向阳处，室温5℃以上可安全越冬，注意室温不要超过15℃，以免影响休眠和翌年开花。

（2）**浇水**　空气干燥时，常向叶面喷雾，可保持叶面清新亮丽。

（3）**施肥**　长出新根后，移至散射光明亮处培养，改用观叶植物营养液，每2～3周更换营养液1次。生长期间若能每半月向叶面喷施1次0.05%的硫酸亚铁溶液，可使叶面更加翠绿光亮。夏季为盛花期，可移至阴凉、通风处，要遮阳，避免烈日暴晒，还要增加叶面喷雾次数，降温保湿，否则叶片易黄易落。

（4）**修剪**　鸡矢藤应及时修剪，剪去重叠枝，使之疏密有致、长短相宜。花谢后，除去残花，摘除顶梢，促发分枝，控制高度，形成整齐的冠形。

第三节　水培多肉花卉

可爱有趣的多肉植物是很多年轻人非常喜欢的花卉。我们常见的多肉植物是在盆中土培，但是经反复实验发现，它们中的许多种类也是适合水培的，而且多浆植物极易成活，是新手养花的最佳选择。以下介绍如何水培多肉花卉。

一、龙舌兰如何水培与养护

龙舌兰，别名番麻、世纪树。归龙舌兰科龙舌兰属。龙舌兰为多年生常绿大型草本。茎短。叶片莲座状簇生，长剑形，长可达 1m，肥厚，灰绿色，端具硬尖刺，缘具钩刺。圆锥状花序顶生，花多数。花冠近漏斗状，径约 6cm，黄绿色。同属植物约 300 种，常见的观赏栽培种有龙舌兰、金边龙舌兰、黄心龙舌兰、黄叶龙舌兰等。叶片剑形，莲座状簇生，肉质肥厚，灰绿色，被白粉，端具锐刺，缘有锯齿或钩刺。其变种具黄心或金边，更富观赏性，为室内外大中小型兼备的观叶植物。

1. 水培方法

（1）方法一　水培龙舌兰于春、秋两季选取株型丰满的土培幼龄植株，脱盆、去土、洗根，放在与莲座大小相吻合的玻璃容器中，加清水至根系的 1/2～2/3 处，7～10 天后可见水生根系长出。

（2）方法二　选择龙舌兰母株上体型较大的分株切下，晾干切口，放置于容器中定植。加清水至根系的 1/2～2/3 处，约 7 天左右即可长出水生根。如图 4-90 所示为水培龙舌兰。

图 4-90　水培龙舌兰

2. 养护指南

（1）光照与温度　龙舌兰性强健，喜阳光，不耐阴，稍耐寒，彩叶变种，在夏季要适当遮阳。龙舌兰的最适生长温度为 15～25℃，成年龙舌兰在 -5℃ 的低温下，叶片会受轻度冻害，−13℃时会遭受重度冻害。

（2）施肥　龙舌兰不好肥，用自来水培养即可，也可适当加入少量稀薄营养液。施肥不必过勤，否则造成旺长，并有可能造成植株腐烂。生长季节每月施1～2次肥即可。

（3）浇水　在龙舌兰的生长季，保持盆土湿润，注意浇水时不可将水洒在叶片上，否则易发生褐斑病。

（4）病虫害防治　水培龙舌兰易发生叶斑病和蚧壳虫病。叶斑病主要因为空气潮湿所致，发现后立即改善空气环境，并将生病叶片剪去；蚧壳虫病以人工捕捉为主，清除干净叶片上的虫卵，避免复发。

二、虎尾兰如何水培与养护

虎尾兰又名虎皮兰，锦兰，千岁兰、虎尾掌、黄尾兰或岳母舌，是百合科虎尾兰属的多年生草本观叶植物。虎尾兰具匍匐根状茎。叶根部蔟生，叶片直立，革质，肥厚，先端有一短尖，暗绿色，有浅灰绿色的横纹，因斑纹如虎皮而得名。花葶高可达80cm，穗状花序，小花3～8朵一束，1～3束蔟生在花序轴上，花有香味，绿白色，有苞。浆果球形。

1. 水培方法

（1）方法一　将土培虎尾兰小苗整株挖出，用锋利的刀片切割根状茎，将母株与子株分开。选用健壮的带有一定数量根系的子株，用0.1%的高锰酸钾溶液消毒10min，水冲洗根系后，定植于透明容器内，注入清水至根系2/3处进行过渡转换。

（2）方法二　选取株形大小合适的土培虎尾兰，挖出整株，用整株转换。因根系较发达，可疏剪1/3的根须，用洗根法冲洗根系后定植于透明容器中，注入清水至根系2/3处。半个月可长出新根，对老根未进行疏剪的则需25天以上才长出新根。如图4-91所示为水培虎尾兰。

图4-91　水培虎尾兰

在过渡转换阶段，如果根系有腐烂现象，则先用0.1%的高锰酸钾溶液消毒10min，然后每天换清水1次。老根红褐色，水培根黄绿色。

2. 养护指南

（1）温度与光照　虎尾兰喜阳光，但光照太强时叶色变暗、发白。宜放于阴或半阴处。喜温暖，适宜温度18～27℃，低于13℃停止生长。冬季温度不能长时间低于10℃，否则植株基部会发生腐烂，整株死亡。

（2）浇水　虎尾兰耐旱，浇水要适量。浇水过多，叶片变白、斑纹色泽也变淡。生长旺盛期应充分浇水；冬季控制浇水，保持土壤潮湿即可。浇水时要避免浇入叶簇内。积水会造成腐烂而使叶片折倒。

（3）施肥　虎尾兰生长盛期，每月可施1～2次复合肥，施肥量要少。长期偏施氮肥，叶片上的斑纹会变暗淡。要多使用复合肥，也可在盆边土壤内均匀埋入腐熟的黄豆。但注意不要与根接触。

 【知识链接】

为什么虎尾兰的叶子颜色发暗

虎尾兰喜阳光直射，如一直养护在室内，叶片就会发暗，缺乏绿色生机。但是长期置于室内的虎尾兰晒太阳也需要谨慎，不能直接移至太阳光下，需先将其移至光线较好的地方，让其适应光照环境后，再移至阳光下，避免叶片灼伤。

三、莲花掌如何水培与养护

莲花掌叶片肉质，青绿色，边缘红色，呈莲座状着生在枝条的顶端，花序顶生，花不显著。莲花掌叶蓝灰色，近圆形或倒卵形（图4-92），先端圆钝近平截形，红色，无叶柄。总状单枝聚伞花序，花茎高20～30cm，花8～12朵，外面粉红色或红色，里面黄色，花期6～8月，有一定的观赏价值，可装饰室内。

图4-92　莲花掌

1. 水培方法

（1）选取已孕育花芽的盆栽小植株，小心地洗去根部泥土，剪除枯根和烂叶，然后定植于透明容器中。

（2）加清水浸没 1/3～1/2 的根系。因其根尖相当敏感，操作时要小心加以保护，不可触动损伤，也不要加入坚硬的固体基质，以免换水时碰伤根系。

（3）水培初始每 2～3 天换 1 次清水，因其根系为气生根，只要根系不全部浸入水中，就能很快适应水培环境。

2. 养护指南

（1）光照与温度　莲花掌喜充足的阳光，应将植株置于光照充足处养护，光照不足时会导致茎叶徒长，叶片稀疏，叶色浅，且容易引起落叶。夏季置阴凉通风处，常喷洒叶面水，及时清理萎缩的枯叶和过多的子株。冬季最低温度 10℃左右。

（2）施肥　当莲花掌植株完全适应水培环境时，用低浓度的观叶植物营养液进行养护，1 个月左右更换 1 次营养液。

（3）换水　夏季高温炎热天气和严寒冬季时节，换水不宜太勤，2～4 周换 1 次即可。

四、金琥如何水培与养护

金琥，别名黄刺金琥，为仙人掌科、金琥属，很受人们青睐。野生的金琥是极度濒危的稀有植物。金琥的茎为圆球形，球顶密覆有金黄色绵毛。6～10 月开花，花生于球顶部绵毛丛中，钟形，4～6cm，黄色。

1. 水培方法

（1）金琥是肉多较重的植物花卉，选择水培金琥的容器和锚定植株的材料应特殊考虑。锚定时最好选用直径 1～1.5cm 的陶粒，或直径相差不大的卵石、矿渣等，根据球形大小选定容器。

（2）选用带有水生根的球，用清水洗净，然后用陶粒固定在定植杯内，将根须从定植杯内穿出，通过定植孔浸入营养液中。营养液选用园试营养液标准浓度的 1/4～1/3，pH5.5～7。在炎热的夏季约 10～15 天更换新的营养液，而冬季延长更换时间，可 30～45 天更新一次营养液。营养液高度以能浸到根系的 2/3～4/5 为宜。如图 4-93 所示为水培金琥。

图 4-93　水培金琥

2. 养护指南

（1）光照与温度　金琥喜光照，尤其是在生长期，茎球必须得到充足光照，生长适温25～30℃。冬季温度在15℃以上即可安全越冬。秋末入高温温室养护，保持高温环境。夏天在40～45℃的高温下，仍可生长良好，但避免烈日暴晒。

（2）浇水　金琥的生长季为春、秋季，期间应提供充足水分；酷热的夏季，生长旺季，需水量增加，切勿浇灌凉水。应从盆沿处浇水，合适的浇水时间为上午9～10点或下午4～5点；不能向球顶部及嫁接部位喷水，否则会出现腐烂。11月开始停止生长，10天左右浇一次水；12月进入休眠期，不用继续浇水，以增强其抗寒能力。

（3）施肥　金琥茎球不断长大，容器应及时更换，以免影响正常生长，并适当浇水和追施磷、钾肥。

五、芦荟如何水培与养护

芦荟，又称卢会、象胆、劳伟，为百合科多年生常绿草本植物。芦荟叶质肥厚，呈座状或生于茎顶，叶常披针形或叶短宽，边缘有尖齿状刺。花序为伞形、总状、穗状、圆锥形等，色呈红、黄或具赤色斑点，花瓣6片。

1. 水培方法

（1）方法一　从土培芦荟根颈部旁切割带根系的子株，用0.1％的高锰酸钾溶液消毒10min，洗根后晾干切口，定植于透明容器中。为便于固定根系，可略加入些基质，注入清水至根系2/3处。如图4-94所示为水培芦荟。

图4-94　水培芦荟

（2）方法二　选取株形小巧的土培芦荟，挖出整株，通过洗根法冲洗根系后定植于透明容器中，注入清水至根系2/3处。将容器移至阴凉、背风处，每2～3天换1次清水，发现烂根及时除去，用0.1％的高锰酸钾溶液消毒10min。约半个月后可长出新根，新根白色、粗壮，具观赏性。

2. 养护指南

（1）光照与温度　适合芦荟生长的温度为 15～35℃，安全越冬温度为 5℃以上，低于 0℃会发生冻害。芦荟喜充足散射光，如果希望芦荟开花，冬季室温需保持在 10℃以上。

（2）换水　水培芦荟生长初期 2～3 天换一次水，长出水生根后 15～30 天换一次水即可。

（3）施肥　水培芦荟换水时加入营养液。夏季芦荟生长迅速，可适量增加营养液的使用，并经常向叶面喷水。冬季芦荟生长缓慢，则应适量减少营养液的施放。

（4）病虫害防治　水培芦荟偶见根腐病（图 4-95）和蚧壳虫病。根腐病发现烂根应及时去除，并冲洗根部，之后常规养护即可；蚧壳虫病以人工捕捉为主，并观察有无虫卵，避免复发。

图 4-95　芦荟根腐病

六、山影拳如何水培与养护

山影拳，多年生常绿植物，肉质茎，叶色为深绿，叶片上深沟纵棱。分枝多，无明显界限，高度不一，如拳状突出，如图 4-96 所示。整个植株呈熔岩堆积姿态，茎上刺座丛生，褐色小刺。夏、秋开花，花大型，白色，夜开昼闭。

图 4-96　山影拳

1. 水培方法

（1）山影拳是叶厚肉多而较重的植物花卉，选择水培的容器和固定植株的材料应特殊考虑，否则植株长大后容易发生自行倾倒、侧翻。固定介质最好选用直径 1～1.5cm 的陶粒，或直径相差不大的卵石、矿渣都是可以的，容器可选用直径为 15cm 的瓷盆或相同截面的矩形容器。

（2）取已生根的插穗，用清水冲洗干净，用陶粒固定在定植杯内，将根须从定植杯内穿出，通过枯落物盖板上的定植孔浸入营养液中。营养液选用园试营养液标准浓度的 1/4～1/3，pH6～8，约 15～20 天更新一次营养液。营养液水位浸没根系 1/2～2/3。

2. 养护指南

（1）光照 山影拳性强健，喜欢阳光充足的环境，耐阴，长时间放置在散射光下也可以正常生长。有极强的耐旱力，耐盐碱，耐瘠薄，不耐湿，不耐寒。

（2）温度 适合在 15～32℃生长，避免高温闷热，在炎热的夏季，若温度超过 33℃，即进入休眠状态。10℃为安全越冬温度，若气温降到 7℃以下，进入休眠状态，如果环境温度接近 4℃，会出现冻害。

七、仙人球如何水培与养护

仙人球为多浆植物。茎圆球形，淡绿或黄绿色，四周基部常滋生多数小球，12～14 棱，棱间呈锐沟状，刺锥黑色。夏季开花，花着生于球体侧方，花冠漏斗状，大型，白色具芳香，黄昏开放，凌晨凋谢。花期 7～9 月，果肉质。

1. 水培方法

（1）方法一 选取生长健壮的小型土培仙人球，挖出全株，去除根部泥土，保护好根系，用 0.1％的高锰酸钾溶液消毒 10min，清水冲洗根系后定植于瓶口略小于球茎基部的圆柱形容器上，注入清水至根系 2/3 处，部分根系露在水面以上。如图 4-97 所示为水培仙人球。

图 4-97 水培仙人球

（2）方法二　从土培仙人球的边上切割下较大的子球。子球的切口用草木灰涂抹并晾干，然后直接定植于瓶口小于子球茎的透明圆柱形容器上，注入清水低于子球基部，不得沾水，诱导子球基部生长新根。每 5 天换清水 1 次，1 周左右可萌发出新根。

2. 养护指南

（1）光照和温度　仙人球喜阳，但夏季仍需适当遮阴，特别是幼苗和较小的植株，要避免夏季阳光的直射，以免发生日灼病。适合仙人球生长的白天温度为 30～40℃，夜间为 15～25℃，冬季要移入室内，室温在 5℃ 以上可安全越冬。盆栽也可用玻璃缸作容器，室内温度过低时用双层塑料袋套住保暖过冬。

（2）施肥　仙人球水培根长出后，改用综合营养液培养，每 1～2 个月更换营养液 1 次。由于仙人球适应性强，生长健壮，也可只用清水培养。

（3）换水　水培仙人球初期 2～3 天换一次水，长出水生根后 7～10 天换一次水即可。

（4）病虫害防治　水培仙人球不易生病，但仙人球不耐水湿，水培过程中容易出现根腐病。如发现仙人球根部腐烂，可将腐烂部位切除，重新定植即可。如担心再次腐烂，可在定植时加入陶粒，陶粒能起到固定植株和防止根系腐烂的作用。

八、石莲花如何水培与养护

石莲花为多年生肉质草本植物。根茎粗壮，匍匐状，具多数长丝状气生根。叶片多，密集轮生于茎的上部，成莲座状，叶片肥厚，楔状倒卵形，顶端短，锐尖，无毛，稍显红晕，无叶柄，如图 4-98 所示。叶面被白粉，蓝灰色。花梗高 20～30cm，总状单枝聚伞花序。花外红内黄，花期 6～8 月。

图 4-98　石莲花

1. 水培方法

（1）选择株形优美的土培植株，脱盆，去土，用清水冲洗干净根系上的泥土，定植于有清水的窗口中，进行水生根系诱导培养。

（2）石莲花植株小巧，宜选择小口容器定植。

（3）待石莲花长出水生根系后，将清水换为营养液，将根系 1/3 浸入营养液中即可，每 10～15 天更换一次。

2. 养护指南

（1）光照　石莲花适合生长在温暖、干燥、阳光充足、通风良好的环境中。耐烈日，耐蔽阴，耐干旱，忌水湿，但不能长期放蔽阴处，否则植株易徒长而叶片稀疏。春、秋是石莲花属植物的生长季，应提供充足的光照，否则会造成植株徒长，株型松散，叶片变薄，叶色黯淡，叶面白粉减少。

（2）温度　冬季温度不得低于10℃，秋季气温下降可适当延长营养液更换次数。夏季高温时，植株生长缓慢，甚至停止生长，需放在通风良好处养护，应注意遮阴。

九、蟹爪兰如何水培与养护

蟹爪兰，别名蟹爪、仙人花、锦上花、圣诞仙人掌、螃蟹兰、蟹足仙人掌。归仙人掌科蟹爪属。蟹爪兰为多年生肉质附生性常绿多浆植物。叶状变态茎，茎节扁平，边缘具尖齿，多分枝，先端下垂，形似蟹爪。花生于茎节顶端，有紫红、白色、橙黄、大红、粉红等色。花瓣张开后又反卷。花期冬至春（11月至翌年2月）。本种与仙人指颇相似，不同之处在于仙人指茎节边缘呈波状而无尖齿。茎节似蟹身，多数连接的茎节似蟹爪，故名蟹爪兰。株型奇特，花色丰富艳丽。

1. 水培方法

（1）水培蟹爪兰可选取生长健壮的成熟土养植株，使用洗根法洗净后将其定植于容器中。

（2）定植时可在植株的枝节间辅以岩棉、海绵等，避免其倒伏。

（3）加水至根系的1/3～1/2处，15天左右即可长出水生根。如图4-99所示为水养蟹爪兰。

图4-99　水养蟹爪兰

2. 养护指南

（1）光照与温度　适合蟹爪兰生长的温度为18～32℃，适合的开花温度为10～15℃，以不超过25℃，不低于15℃为宜，安全越冬温度为10℃以上，低于4℃会发生冻害。蟹爪兰喜短日照环境，夏季忌强烈阳光直射，冬季喜温暖阳光照射。

（2）换水　水培蟹爪兰生长初期2～3天换一次水，长出水生根后10～15天换一次水即可。

（3）施肥　蟹爪兰换水时加入营养液，夏季休眠期之后可适量增加营养液的使用。叶面使用磷酸二氢钾喷雾可改善开花质量。

（4）病虫害防治　水培蟹爪兰在高温环境下容易发生腐烂病，发病时应及时切除腐烂部位，并控制室内温度。

 【知识链接】

蟹爪兰为什么会发生哑蕾和落蕾现象

蟹爪兰向光性强，如果在生长过程中改变其向光位置，对其生长会有一定影响。如果在孕蕾期间搬动蟹爪兰，改变它的向光位置，就可能会引发哑蕾和落蕾的现象。所以，在养殖蟹爪兰时，不宜随意搬动。

十、点纹十二卷如何水培与养护

点纹十二卷为多肉植物。习性强健，其观赏性在于色彩斑斓的茎叶，十分漂亮。点文十二卷植株不高，几乎无地上茎，叶片紧密轮生，呈莲座状。顺三角状，先端锐尖，截面呈"V"字形，叶色暗绿，叶面密布凸起的白点。总状花序从叶腋间抽生，花梗直立而细长，花极小，蓝紫色，花尊筒状，花瓣外翻，春末夏初开花。

1. 水培方法

（1）方法一　水培点纹十二卷可选用已成熟土养植株，适宜用洗根法，用清水冲洗干净后，定植于容器中，大约10天就能见到水生根长出。

（2）方法二　在春、秋两季，选取生长较好的母株，切取较大的分株，洗净后晾干切口，直接定植于容器中，7天左右即可生根。在注入清水时，水面不要超过根系的1/2，以低于切口为佳。如图4-100所示为水培点纹十二卷。

2. 养护指南

（1）光照和温度　点纹十二卷白天生长温度为20～22℃，夜间为10～13℃，安全越冬的温度在5℃以上。点纹十二卷夏季进入休眠状态，此时宜将其放至于阴凉通风处，冬季需充足阳光照射。

（2）施肥　点纹十二卷不好肥，自来水即可养护，也可适当在春季换水时加入营养液1～2次。在进入休眠期的夏季，停止使用营养液，并将其放在蔽阴处以安全度夏。

（3）换水　水培初期可2～3天换一次水，并及时清除原土生根产生的少量烂根。长出水生根后，15～20天换一次水即可。

（4）病虫害防治　根腐病是水培点纹十二卷常见病害。换水时若发现腐烂的根，必须全部清除，避免蔓延。若是蔓延至基部，也必须将腐烂的基部完全切除。换水时可加水至基部以下2cm处，使其重新长根。

图 4-100　水培点纹十二卷

十一、落地生根如何水培与养护

落地生根为多年生草本，茎有分枝，羽状复叶，小叶长圆形至椭圆形，先端钝，边缘有圆齿，圆齿底部容易生芽（图 4-101），芽长大后落地即成一新植物。圆锥花序顶生，花下垂，花冠高脚碟形，呈现淡红色或紫红色。种子小，有条纹。开花季为 1～3 月。

图 4-101　落地生根叶片

1. 水培方法

水培落地生根可选择株形较好的土养植株，通过洗根法洗净后定植于容器中。根部以陶粒作为基质，其既能固定植株，又利于根系生长，使植株更快适应水生环境。也可于春、秋季选取健壮的枝条，去除基部叶片，待其稍干后直接插入水中，5 天左右即可生根。

2. 养护指南

（1）温度与光照　适合落地生根生长的温度为 13～19℃，安全越冬温度为 7～10℃ 以上。落地生根喜充足阳光，夏季忌强烈阳光直射。

（2）换水　水培落地生根生长初期 2～3 天换一次水，长出水生根后 10～15 天换一次水即可。

（3）施肥　水培落地生根换水时加入营养液，空气干燥时应经常向叶面喷水，以保持叶面清洁和空气湿润。

（4）病虫害防治　水培落地生根不易发生疾病，会偶发蚧壳虫病与蚜虫病。发生虫病时，应以人工捕捉为主，并观察有无虫卵附着，避免复发。

【知识链接】

落地生根如何养护

落地生根很容易成活，不需要太多的养护。但是在植株生长过程中为了增加观赏价值，需对其进行摘心处理，并压低株形，使其形成更多的分枝，以保持株形的优美。对于较老的植株，其茎呈半木质化，底部叶片会逐渐脱落，影响观赏，应及时截短，使其萌发新芽。

十二、眩美玉如何水培与养护

眩美玉为仙人掌科，南国玉属。植株单生，圆球形至椭圆形，体色暗绿色。具 13～15 个圆疣状的浅棱。辐射状周刺 8～10 枚；新刺黄褐色，老刺灰褐色。春夏季节顶生钟状花，呈紫红色，如图 4-102 所示为水培眩美玉。

图 4-102　水培眩美玉

1. 水培方法

将成形的眩美玉嫁接球从砧木上切割下来，晾干伤口后水插，在温度 20～25℃ 时，经 3 周可生根。

2. 养护指南

（1）光照与温度　眩美玉喜阳光充足和温暖、干燥的生长条件。耐干旱、耐半阴，忌强阳光直晒，因此，夏季高温高热时节宜适当遮阳，生长期需要较高的空气湿度。生长适温 18～25℃，越冬温度不宜低于 8℃。

（2）施肥　眩美玉是适宜水栽培条件的仙人掌类花卉之一，除生长良好之外，还能在水培时照常绽花。可适当在水培液中加些营养液，但不宜太多。

（3）换水　水培眩美玉 2 个月换一次水即可，并适当洗根。

（4）病虫害防治　水培眩美玉要注意炭疽病的发生，如有病患，要将患病植株加以隔离，并将受害病叶剪下。

十三、魔锦龙如何水培与养护

魔锦龙（图 4-103）属于仙人掌科，毛刺柱属。魔锦龙生长适宜温度为 16～29℃，冬季能忍受 0℃ 低温，但最好保持 5℃ 以上温度。魔锦龙喜阳光充足、空气流通和温暖、干燥的环境。魔锦龙较耐寒，也耐干旱，忌水湿环境，但可用盆栽植株洗根，做成水培观赏植物。

图 4-103　魔锦龙

1. 水培方法

（1）用盆栽魔锦龙植株洗根水培。洗根时可剪短根系后水培，有利于根系萌发。

（2）洗根水培后，约 15～20 天即能长出新根。

2. 养护指南

（1）光照与温度　魔锦龙喜阳光充足、空气流通和温暖、干燥的环境。较耐寒，也耐干旱，忌水湿。生长适温为16～29℃，冬季能忍受0℃低温，但最好保持5℃以上温度。

（2）施肥　水培魔锦龙对水肥营养要求少，可根据情况少量添加水培营养液即可。

（3）换水　水培魔锦龙不宜换水太勤，15～20天换一次水即可，根据室温和水量多少可适当加入新水。

十四、锦丸如何水培与养护

锦丸（图4-104），又称猩猩丸，为仙人掌科，疣突属。锦丸为多年生肉质植物，主要是浅绿色直立茎柱状，有分枝和辐射刺。开红紫色或紫色杯形花，开花时长约为5天。花朵在夜间关闭并在上午重新打开，花芯绿色。

图4-104　锦丸

1. 水培方法

锦丸常用嫁接球水插生根后进行水培，20～25天后萌生根系。

2. 养护指南

（1）光照与温度　锦丸宜摆放在散射光明亮处，长期蔽荫球茎拔高，刺丛稀疏，不开花。喜阳光充足和温暖干燥的环境。耐干旱，也耐半阴，不耐寒，怕水渍。生长适温为20～25℃，冬季温度不宜低于10℃。

（2）施肥　锦丸的放射状细刺柔美明快，小球茎上缀满淡红色铃铛形小花，规则排列的锦丸，锦丸的水肥需求小，一般每个月在水培液里适当添加少许营养液即可。

（3）换水　水培锦丸1～3个月换水一次即可，也可根据情况适当加水。

十五、凉云如何水培与养护

凉云，又名辉云、晚云。仙人掌科，瓜玉属（也称云属、花座球属）。凉云为单生，球状，高约 12～14cm、直径约 16～18cm，表皮一般为绿色。凉云的花座约 2.5～3cm 高、直径约 6～7cm，由非常密集的白色绵毛和红褐色刚毛组成。凉云花一般为红色，果多为紫珠红色（图 4-105）。越冬温度 8℃。凉云的果实较多，可多达 50～70 个。

图 4-105　凉云

1. 水培方法

将砧木上的凉云成形球切割下来，水插后 20 天左右可萌生根系。如图 4-105 所示为凉云仙人球。

2. 养护指南

（1）光照与温度　凉云喜温暖和阳光充足环境。耐干旱、耐高温，稍耐寒。盛夏应增加喷水，提高空气湿度，有利于植株生长。生长适温为 18～24℃，越冬温度宜保持 5℃ 以上。0℃ 时易赏冻害。

（2）施肥　凉云球茎端庄，风格独特，花谢之后，会冒出一颗颗辣椒状的紫红色小果实，是一种魅力十足的水培佳品。施肥可根据实际情况添加植物营养液，一般 1 个月添加一次即可。

（3）换水　水培凉云 1～3 个月换水一次，换水时要清洗根部的腐烂根系，也可随时根据情况适当加水。

十六、残雪之峰如何水培与养护

残血之峰，又可称为残雪冠、残雪缀化，为仙人掌科，美绿柱属。墨残雪的缀化畸变品种。残雪之峰柱状茎细，多分枝，形成半匍匐性的灌木。表皮深绿色带灰色晕纹。夏日晚上开花，花筒很细，花瓣分两层，外瓣粉红内瓣白色。果实呈红色（图 4-106）。

1. 水培方法

选用形态和规格适用的盆栽株洗根水培。本种根系旺盛，可剪短所有根系，有利生根，水插后约 15～20 天可萌生新根。

2. 养护指南

（1）光照与温度　残血之峰喜阳光充足和温暖、干燥的环境。耐干旱、耐半阴，较耐

图 4-106　残血之峰

寒，忌强阳光暴晒，怕水渍。生长适温 18～24℃，冬季温度不宜低于 5℃。

（2）施肥　残血之峰水培时营养液浓度宜稍低些，养分过多时，不仅容易引起烂根，还能促使变态茎徒长"返祖"。

（3）换水　水培残血之峰可 10～15 天换水一次，也可根据实际情况添加新水，并小心清洗根系。

十七、牡丹玉如何水培与养护

牡丹玉（图 4-107），别名瑞云。属仙人掌科，裸萼属。牡丹玉喜温暖干燥和阳光充足的生长环境，牡丹玉不耐寒，耐干旱和耐半阴环境。牡丹玉生长以肥沃、排水良好的土壤环境为宜。牡丹玉冬季生长温度不低于 10℃。牡丹玉生长期每个月可施肥 2～3 次，每年 5 月可换盆加入肥沃的腐叶土、粗沙和泥炭的混合土壤。牡丹玉每 3～4 年应重新嫁接子球，以便更新。

图 4-107　牡丹玉

1. 水培方法

（1）虽然牡丹玉忌水渍，却很适应水培生长。常用盆栽洗根法水培，由于它的根系发达，生根容易，水洗后可剪去所有根系，仅留下 1～1.5cm "根头"，反而能促进早生根。

（2）一般 20 天左右萌发新根，水培后可正常开花。

2. 养护指南

（1）光照与温度　牡丹玉喜阳光充足、通风良好的环境和温暖的气候条件。耐干旱，不耐寒，忌水渍、忌烈日暴晒。生长适温为 20～25℃，冬季放在向阳处，温度宜保持在 10℃以上。

（2）施肥　水培牡丹玉营养液浓度要小，养分过多会引起烂根。水培营养液 2 个月添加一次为宜。

（3）换水　水培牡丹玉 1 个月换一次水即可，亦可在水少时适当加入新水。

十八、新天地如何水培与养护

新天地，又名豹子头，属仙人掌科植物。新天地的株形较大，茎部疣状突起形似豹子头（图 4-108），新天地喜温暖干燥和阳光充足的生长环境，耐干旱，不耐严寒，也不耐阴。新天地盆栽以肥沃、排水良好的酸性壤土为好，可水培。新天地冬季生长温度不低于 10℃，种植以 4～5 月为最好。新天地新刺多为紫红色，花多粉红色。新天地是本属植物中株形最大的，径粗可达 30cm 左右。新天地球体生长较快，每年春季需换盆并增加腐叶土、粗沙等配制的混合土。新天地生长期可充分浇水，但盆土不能长期太湿，可多喷水，以保持其适宜的生长温度。

图 4-108　新天地

1. 水培方法

新天地水插或洗根水培均可。水插后 25 天左右生根；洗根水培约 15～20 天生根。

2. 养护指南

（1）光照与温度　新天地适合生长在温和、阳光充足的环境中。耐干旱，耐半阴，惧严寒，避免阳光直射，忌水渍。适合生长的温度为20～27℃，冬季温度不能低于8℃，放在向阳处培养。

（2）施肥　水培新天地对水培需求小，1～3个月补充少量水培液即可。

（3）换水　水培新天地1个月换水一次，并清洗根系，剪去老死根系，加入新水。

十九、绫波如何水培与养护

绫波（图4-109），又名大宝丸、赤龙。仙人掌科，扁圆头属（也称为绫波属或金琥属）。绫波一般为植株单生，其球体扁圆、端正，绫波一般球体体色深绿，球径可达30cm，高可达15cm。绫波一般具有13～27个波折的棱，其刺座较少，锥状周刺一般有6～7枚，中刺多为1枚，绫波的新刺一般为淡黄间杂着淡红色。绫波的老刺多为黄褐色。绫波一般在春末夏初在球体顶部长出浅桃红色底带红色覆轮的钟状花朵，其花瓣边缘呈羽状浅裂，绫波的花径为5cm左右。和其他仙人掌科植物一样，绫波喜温暖干燥和阳光充足的生长环境，耐干旱，不耐严寒。

图4-109　绫波

1. 水培方法

绫波生根较难，最好用盆栽洗根法水培。如果用砧木上卸下的嫁接球，水插前必须将球茎底朝上多晒2～3天，并且阴干的时间也需要适当延长，让伤口处干爽甚至结疤后才进行水插，这么做比较容易诱发生根。

2. 养护指南

（1）光照与温度　绫波喜阳光充足、温差大和通风良好环境。耐干旱，稍耐寒，怕水渍，忌烈日暴晒。生长适温为16～26℃，冬季在向阳处最低温度宜保持5℃以上，在盆土干燥的情况下，可耐0℃的低温。

（2）施肥　水培绫波2个月加少许营养液即可。

（3）换水　由于绫波生根较难，要尽量少移动根系，可采用随时添加新水的办法，以防换水时伤害到绫波的根系。

二十、英冠玉如何水培与养护

英冠玉为仙人掌科，有毛玉属。英冠玉为多年生肉质植物，茎幼时球形，后随年龄增长渐变为圆筒形，直径 20cm，高可达 5m 以上，易群生，蓝绿色，棱 11～15cm。茎顶密生绒毛。刺座密集（图 4-110），放射状刺 12～15cm，毛状，黄白色，中刺 8～12cm，针状，褐色。两种刺长均为约 0.5～0.8cm。花大，直径达 5～6cm，花冠漏斗状，鹅黄色。花期 6～7 月。

图 4-110　英冠玉

1. 水培方法

英冠玉生性耐干旱，却很适应水栽培。盆栽洗根或分株水栽都容易萌生新根。

2. 养护指南

（1）光照与温度　英冠玉喜温暖、湿润的气候和阳光柔和、通风良好的环境。稍耐阴、耐干旱，不耐寒，忌涝渍、忌强阳光直射。生长适温 16～26℃，冬季最低温度不低于 6℃。

（2）施肥　水培英冠玉一般半个月可添加少许营养液，当叶片见黄时给肥即可。

（3）换水　英冠玉比较易于生根，换水时要洗净根系，剪去腐烂根系。一般 1 个月换一次水即可。换水时可保留部分旧水，添加新水，亦可直接添加新水。

二十一、黄雪晃如何水培与养护

黄雪晃，又称为黄雪光，属于仙人掌科，绢玉属。黄雪晃植株单生，有时从基部萌生仔球。多呈扁圆形，青绿色，或灰绿色，茎部有小疣状突起、螺旋状排列的棱，刺座密集，有白色绵毛，白色或黄色，中刺 3-5 根，稍长，白色，呈细针状。开花期为冬季至春季，多花，顶生，绯红色、橙红色至橙黄色，如图 4-111 所示。

1. 水培方法

水培时，可将嫁接的黄雪晃成形球卸下水插，20 天左右可萌生根系；也可将盆栽球洗

图 4-111　黄雪晃

根后水培。

2. 养护指南

（1）光照与温度　黄雪晃喜温暖并稍有湿润和柔和阳光的环境。较耐寒，耐干旱和强光。生长适温为 18～28℃，冬季温度不低于 5℃。

（2）施肥　水培黄雪晃可在换水时添加营养液，直接喷施叶面肥不易被吸收。

（3）换水　水培黄雪晃生长初期每 3～5 天换一次水。当水生根长至 2cm 长时，每个月换一次水即可。在换水时应冲洗根部，以保持根部的清洁，防止根系腐烂。夏季可换水频繁些，以防水质腐臭。

二十二、象牙丸如何水培与养护

象牙丸，又名象牙球，为仙人掌科菠萝球属植物。象牙丸开花有粉红色，紫色，白色，黄色，象牙丸开花栽培量很大，细分会有强刺象牙，短刺象牙，豪刺象牙。

象牙丸为深绿色有光泽的球体，株高 14cm，株幅 20cm。基部生有明显的大块疣突，长 4cm，宽 6cm。疣腋处有白色绵毛，如图 4-112 所示。周刺 5～8 根，青色，最长 2cm。无中刺，花粉红色或朱红色。

图 4-112　象牙丸

1. 水培方法

用砧木上卸下的象牙丸成形球水插，发根容易，也可用盆栽株洗根后水培。

2. 养护指南

（1）光照与温度　象牙丸喜充足而不太强烈的光照和较高的空气湿度，在干热和通风不良的环境下易受红蜘蛛危害。生长适温为18～28℃，冬季最低温度不宜低于6℃。

（2）施肥　水培象牙丸可喷施叶面肥，也可定期适当补充水培营养液。

（3）换水　水培象牙丸1个月换一次水即可，夏季可换水频繁些，也可根据需要随时补充新水。

二十三、春峰如何水培与养护

春峰，为大戟科，大戟属。春峰为多年生肉质植物，春峰由帝锦的缀化（带化）变异而来。彩春峰有多个品种，其肉质茎有暗紫红、乳白、淡黄以及镶边、斑纹等复色，如图4-113所示。彩春峰的性状很不稳定，已发生色彩变异，如暗紫红色肉质茎会长出白色、黄色斑块等。

图4-113　春峰

1. 水培方法

可选取株形适宜的春峰盆栽植株洗根后水培，每1～2天换1次水。约经20天即可萌出新根。

2. 养护指南

（1）光照与温度　春峰喜温暖干燥和阳光充足环境。夏季高温时稍加遮光，以免强烈的直射光灼伤表皮，并加强通风，否则会因闷热、潮湿，导致肉质茎腐烂。生长适温为20～25℃，冬季温度不宜低于5℃。

（2）施肥　水培春峰可每10天往水培液中添加营养液，也可适当喷施叶面肥。

（3）换水　空气干燥时，可向植株喷少量的水，以增加空气湿度，使肉质茎颜色清新，富有光泽，水培容器中的水可根据需要随时添加。

二十四、翡翠殿如何水培与养护

翡翠殿，多年生肉质植物，百合科芦荟属。翡翠殿能长至 30～40cm。叶片互生，茎顶部排列成较紧密的莲座叶盘，叶表面凹背面圆凸，先端急尖，淡绿色至黄绿色。叶缘有白色的白齿，如图 4-114 所示。夏季开花，松散的总状花序，花小，花色为橙黄至橙红色，带绿尖。三裂蒴果小，形状奇特。

图 4-114　翡翠殿

1. 水培方法

从土培翡翠殿根颈部旁切割带根系的子株，用 0.1％的高锰酸钾溶液消毒 10min，洗根后晾干切口，定植于透明容器中。为便于固定根系，可略加入些基质，注入清水至根系 2/3 处。

2. 养护指南

（1）光照与温度　翡翠殿生性强健，适合半阴条件下生长。耐干旱、耐瘠薄土壤。冬季温度宜保持在 5℃以上，生长适温 18～28℃，其他无特殊要求。

（2）施肥　翡翠殿为水栽培方便的小型芦荟种类，需肥量少，长年置放在清水中不施加营养液生长也良好。

（3）换水　水培翡翠殿 1 个月换水一次即可，也可随时适当添加新水。

二十五、银波锦如何水培与养护

银波锦，景天科银波锦属植物。银波锦叶大而形奇，色彩美丽夺目，是多肉植物中的名种。银波锦属于直立的肉质灌木，高 30～60cm，小枝白色。叶对生，倒卵形，边缘呈波浪形，叶面被浓厚的银白色粉，如图 4-115 所示。开花期在春夏季，聚伞状圆锥花序，小花管状下垂，长 2.5cm，橙黄色，先端红色。

图 4-115 银波锦

1. 水培方法

银波锦通常采用盆栽洗根水培，剪去 1/3 老根，以促进新根萌生，约 20～25 天萌生新根。

2. 养护指南

（1）光照与温度 银波锦喜温暖，耐冷凉。适合柔和阳光或半阴环境，生长适温 15～25℃。为了满足其冬季正常生长需要，越冬温度宜保持 10℃ 以上，低于 5℃ 停止生长，可耐 0℃ 以上低温。宜置于光线明亮处水培，过阴时植株徒长细弱。

（2）施肥 水培银波锦可 1 个月补充营养液一次，水培银波锦不适宜喷施叶面肥。

（3）换水 水培银波锦可 1 个月换水一次，平日注意补充容器内消耗的水分。夏季高温或空气干燥时，可向叶面喷雾补水。

（4）病虫害防治 水培银波锦不易发生病虫害，只需在选择水培植株时注意观察有无病虫害即可。

二十六、燕子掌如何水培与养护

燕子掌，别名为景天树、八宝、冬青、豆瓣掌，枝叶肥厚奇特，四季碧绿，易栽培管理。燕子掌呈多分枝的亚灌木状，茎表呈皮绿色或黄褐色，叶片上带点。肉质叶长卵形，轻微有叶尖，呈绿色至红绿色，温差大时叶片边缘呈红色，叶心绿色，控水和强光照下整个植株呈现非常漂亮的红绿色，一般养殖的颜色为绿色带点红边，缺光状态下植株呈现绿色，花开簇状，小花白色或白粉色，如图 4-116 所示。

1. 水培方法

燕子掌采用水插生根或洗根水培均可，如果是盆栽洗根水培，宜剪除 1/2 老根和须根，仅留下较粗的根头，更容易萌发新根。

图 4-116　燕子掌

2. 养护指南

（1）光照与温度　燕子掌喜阳光充足，但也能在半阴环境下正常生长。燕子掌应在散射光明亮处水培。如果在蔽阴处摆放，每天要补充 10h 左右的灯光照射，以避免植株徒长。喜温暖，不耐寒。生长适温 16～28℃，越冬温度不宜低于 5℃。

（2）施肥　定期向燕子掌叶面喷施 1‰磷酸二氢钾，可促使叶色更加翠绿油亮。

（3）换水　水培燕子掌生长初期每 4～6 天换一次水。当水生根长至 2cm 长时，每15 天换一次水即可，并在换水时应冲洗根部，以保持根部的清洁，防止根系腐烂。

二十七、黑王子如何水培与养护

黑王子，景天科拟石莲花属的多年生肉质草本植物。黑王子端正的莲座叶盘和特殊的叶色使它具有很高的观赏性，十分引人注目。

黑王子植株茎短，肉质叶绕茎排列，呈莲座状，生长旺盛的黑王子，其叶盘直径可达约 20cm，单株叶片数量可达百余枚。叶片厚实，呈匙形，顶端有小尖，叶色黑紫，聚伞花序，小花红色或紫红色。如图 4-117 所示。

图 4-117　黑王子

1. 水培方法

（1）方法一　可选取株形合适的盆株洗根后水培，黑王子的根系发达，洗根水培时，可将须根剪除，能促进早日发根。

（2）方法二　也可剪取有完整叶盘的枝条进行水插，10天左右即可萌发新根。如图4-118所示为水培黑王子。

2. 养护指南

（1）光照与温度　习性强健，管理粗放。喜阳光充足，又适应半阴环境。除了夏季有短暂半休眠状态，其他时间都生长繁茂。生长最适温度15～25℃，虽有一定抗寒性，但为保证其冬季继续生长的需要，冬季要求保持10℃以上温度。

（2）换水　水培黑王子长出水培根后，应移至光线较强的地方，每周换清水1次即可，平时可根据需要进行添加水。

（3）施肥　水培黑王子可在换水时加入营养液，亦可适当喷施叶面肥。

（4）病虫害防治　水培黑王子病虫害较少，如果有虫害发生，可以进行人工捕捉。

二十八、特玉莲如何水培与养护

特玉莲，景天科拟石莲花属，多年生多肉植物，叶形奇特，有时花形也会有一定程度的扭曲。特玉莲叶片叶基部为扭曲的匙形，两侧边缘向外弯曲，而中间部分拱突，叶片的先端向生长点内弯曲，叶背中央呈现一条明显的沟，表面覆有一层厚厚的天然白霜，呈莲座状排列，在光照充足的环境下呈现出淡淡的粉红色。如图4-118所示。

图4-118　特玉莲

1. 水培方法

特玉莲生性强健，是比较适应水培的种类之一。可剪取健壮并带有完整叶盘的枝茎水插。在其生长适温的条件下，6～7天即可生根。

水培花卉

2. 养护指南

（1）光照与温度　特玉莲喜阳光充足，也可在半阴环境下生长，对高温、干旱有一定承受力。在16～28℃的温度范围内生长良好，越冬温度宜保持在5℃以上。

（2）换水　水培特玉莲初期3～5天换一次水，开始水培时容易烂根，需及时将烂根去除，并在换水时清洗根部。长出水生根后10天左右换一次水即可。

（3）施肥　水培特玉莲需肥较少，长期水培每1个月添加一次营养液即可。

二十九、绫锦如何水培与养护

绫锦，又称为锦须芦荟、长须芦荟、珍珠芦荟，绫锦属多年生肉质草本，可长至12cm，叶片呈莲座状排列，叶上有白色斑点和软刺，叶缘有细锯齿，叶色深绿，花色橙红，花期在秋季。

绫锦叶片多达40～50片，排列紧凑。叶色深绿，三角形带尖，叶长7～8cm，基部宽3cm，叶背上部有2条龙骨突，布满白齿状小硬疣，叶缘也布满白色小疣。花序高，花基部红色，先端绿色似鲨鱼掌，如图4-119所示。

图 4-119　绫锦

1. 水培方法

绫锦通常用盆栽洗根水培。如果有稍大的分蘖株，也可直接水插，容易生根。

2. 养护指南

（1）光照与温度　绫锦喜温暖干燥和阳光充足环境。适合柔和阳光环境下生长，温度在20～28℃时生长良好，越冬温度宜维持5℃以上。

（2）施肥　水培绫锦需每半个月添加1次营养液，或适当喷施叶面肥。

（3）换水　水培绫锦初期5～7天换一次水，半个月后每10天换一次水即可，亦可随时适当添加新水。

参 考 文 献

[1] 陈俊愉. 中国花经. 上海：上海文化出版社. 1990.

[2] 李鸿渐. 中国菊花. 南京：江苏科学技术出版社. 1993.

[3] 吴涤新. 花卉应用与设计. 北京：中国林业出版社. 1994.

[4] 徐志华. 果树林木病害生态图鉴. 北京：中国林业出版社. 2000.

[5] 王文静. 花卉病虫害防治. 成都：四川科学技术出版社. 2001.

[6] 张鲁归. 水培花卉. 上海：上海科学技术出版社. 2001.

[7] 王文静. 花卉病虫害防治. 成都：四川科学技术出版社. 2001.

[8] 周中平，赵寿堂. 室内污染检测与控制. 北京：化学工业出版社. 2002.

[9] 朱仁元，张佐双. 花卉立体装饰. 北京：中国林业出版社. 2002.

[10] 苏金乐. 园林苗圃学. 北京：中国农业出版社. 2003.

[11] 谭文澄，戴策刚. 观赏植物组织培养技术. 北京：中国林业出版社. 2004.

[12] 罗锸. 花卉生产技术. 北京：高等教育出版社. 2005.

[13] 周启贵，汤绍虎. 水培花卉. 重庆：西南师范大学出版社. 2009.

[14] 孙艺嘉. 家庭水培花卉手册. 长春：吉林科学技术出版社. 2010.

[15] 傅玉兰. 水培花卉实用技法. 合肥：安徽科学技术出版社. 2010.